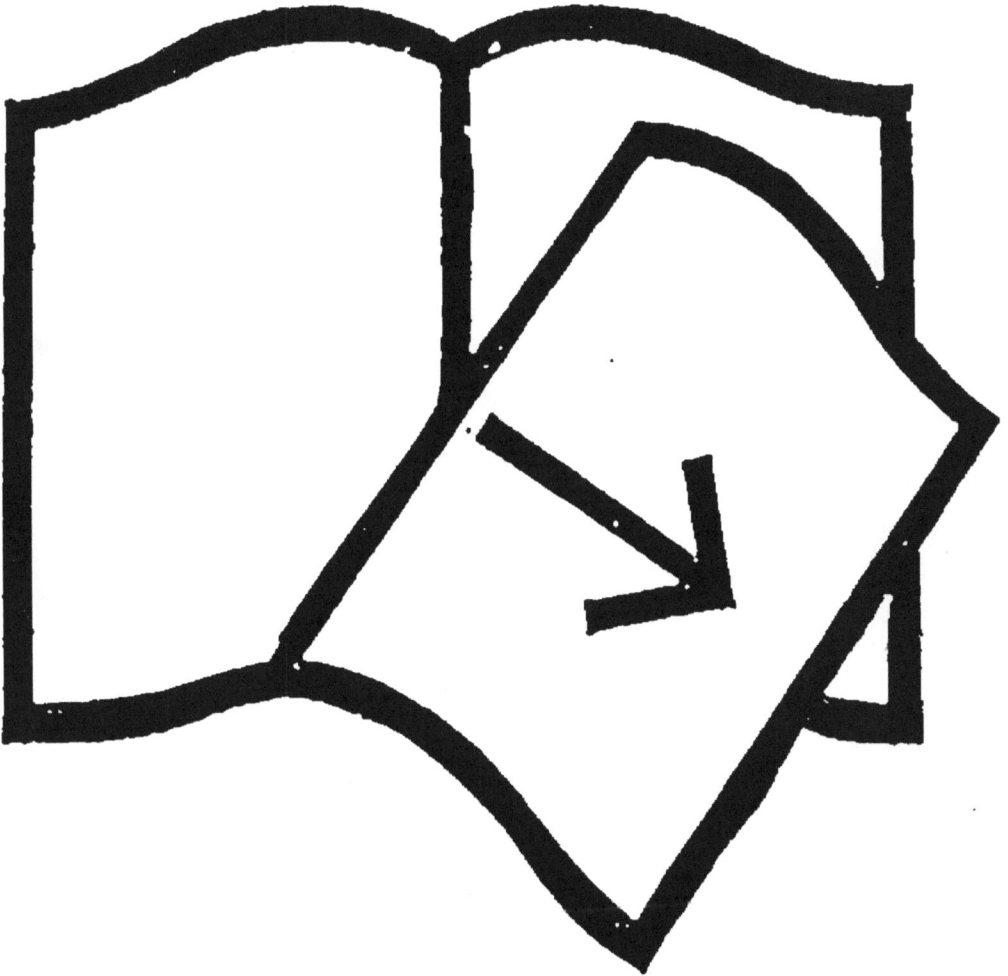

Documents manquants (pages, cahiers...)

NF Z 43-120-13

COURS ÉLÉMENTAIRE

DE

CHIMIE

DE

CHIMIE

CONFORME AU PROGRAMME DE 1902

PAR

H. FOURNIER

DOCTEUR ÈS SCIENCES PHYSIQUES
AGRÉGÉ DE L'UNIVERSITÉ

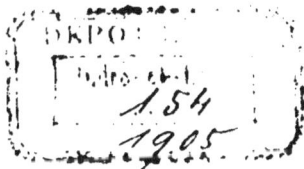

PARIS

GARNIER FRÈRES, LIBRAIRES-ÉDITEURS

6, RUE DES SAINTS-PÈRES, 6

—

1905

TABLE DES MATIÈRES

COURS ÉLÉMENTAIRE DE CHIMIE

CHAPITRE I

Notions préliminaires

1. Corps simples et corps composés. — Les corps peuvent être divisés en corps simples et en corps composés.

Les *corps simples* sont les corps qui n'ont pu être décomposés avec les procédés dont on dispose actuellement. Exemples : le fer, l'argent, le mercure, l'oxygène, etc.

Les *corps composés* sont les corps formés par l'union de plusieurs corps simples. Exemples : l'eau, le sel ordinaire, le sucre.

On connaît aujourd'hui 75 corps simples ; quant aux corps composés, ils sont en nombre extrêmement considérable, et chaque année, on en découvre plusieurs centaines de nouveaux.

2. Symboles des corps simples les plus importants. — Chaque corps simple est représenté par une abréviation ou *symbole*, formé le plus souvent par la lettre initiale du nom de ce corps. Parfois, le symbole comprend deux lettres.

1

TABLEAU DES SYMBOLES DE QUELQUES CORPS SIMPLES
RANGÉS PAR ORDRE ALPHABÉTIQUE

Aluminium	Al	Hydrogène	H
Antimoine	Sb	Iode	I
Argent	Ag	Magnésium	Mg
Argon	A	Manganèse	Mn
Arsenic	As	Mercure	Hg
Azote	Az	Nickel	Ni
Baryum	Ba	Or	Au
Bore	B	Oxygène	O
Brome	Br	Phosphore	P
Calcium	Ca	Platine	Pt
Carbone	C	Plomb	Pb
Chlore	Cl	Potassium	K
Chrome	Cr	Sélénium	Se
Cuivre	Cu	Silicium	Si
Étain	Sn	Sodium	Na
Fer	Fe	Soufre	S
Fluor	F	Zinc	Zn

3. Métalloïdes et métaux. — D'après l'ensemble de leurs propriétés, les corps simples sont réunis en familles que l'on groupe assez arbitrairement en deux séries : les *métalloïdes* et les *métaux*.

MÉTALLOIDES

1° Hydrogène ;

2° Fluor, chlore, brome, iode (réunis parfois sous le nom d'éléments *halogènes*) ;

3° Oxygène, soufre, sélénium ;

4° Azote, phosphore, arsenic, antimoine ;

5° Carbone, silicium ;

6° Bore ;

7° Argon.

Les autres corps simples cités dans le tableau (§ 2) sont des métaux : deux d'entre eux le potassium et le sodium constituent la famille des *métaux alcalins*.

4. Composés organiques et composés minéraux. — Les corps composés peuvent être répartis en deux grandes séries : les *composés organiques* et les *composés minéraux*.

Les *composés organiques* sont les corps qui contiennent du carbone uni à d'autres corps simples. Leur nombre est très grand ; on en a étudié plus ou moins complètement une centaine de mille. Exemples : les pétroles, l'alcool, le sucre, l'albumine ou blanc d'œuf.

Les *composés minéraux* sont les corps qui ne contiennent pas de carbone. Exemples : l'eau, le sel ordinaire, l'ammoniaque.

5. Atomes et molécules. — On appelle *atome* d'un corps simple, la plus petite partie de ce corps qui puisse entrer en combinaison. Et on appelle *molécule* d'un corps, simple ou composé, la plus petite partie de ce corps qui puisse exister en liberté.

6. Formules. — Les corps composés sont représentés par des abréviations que l'on appelle des *formules*.

Pour écrire la formule d'un corps composé, on écrit à la suite les uns des autres les symboles des corps simples qui le forment ; de plus à la droite et un peu au-dessus de chaque symbole, on écrit, en plus petites dimensions, un chiffre appelé *exposant* qui indique le nombre des atomes entrant dans la molécule.

Quand il n'entre qu'un seul atome d'un corps, on supprime l'exposant 1, et on n'écrit que le symbole : autrement dit un symbole sans exposant représente un atome.

Exemples : 1 molécule de sel ordinaire est formée par l'union de 1 atome de sodium Na et de 1 atome de chlore Cl.

La formule du sel ordinaire sera donc :

$$Na\ Cl.$$

2° 1 molécule d'eau est formée par l'union de 2 atomes d'hydrogène H et de 1 atome d'oxygène O.

La formule sera :

$$H^2O.$$

3° 1 molécule d'acide sulfurique pur est formée par la combinaison de 1 atome de soufre S, de 4 atomes d'oxygène O et de 2 atomes d'hydrogène H. La formule de l'acide sulfurique pur sera :

$$SO^4H^2.$$

7. Poids atomique et poids moléculaire. — Le *poids atomique* d'un corps simple est le poids de l'atome de ce corps ; le *poids moléculaire* d'un corps, simple ou composé, est le poids de la molécule de ce corps.

Nous ne connaissons pas en valeur absolue les poids atomiques et les poids moléculaires ; mais on les connaît en *valeur relative*, c'est-à-dire par rapport au poids atomique d'un autre corps qui sera pris comme unité.

Le poids atomique de l'hydrogène étant pris pour unité, on trouve que celui de l'oxygène est 16 fois plus grand et que celui de l'azote vaut 14 fois cette même unité.

Dès lors, si l'on convient de dire que le poids atomique de l'hydrogène est 1 milligramme, le poids atomique de l'oxygène et de l'azote seront respectivement égaux à 16 milligrammes, et à 14 milligrammes. De même, les poids moléculaires des corps composés (eau, sel, etc.) seront exprimés en milligrammes.

Si l'on convient de prendre le poids atomique de l'hydrogène comme étant égal au gramme, les poids atomiques de l'oxygène et de l'azote seront de 16 et de 14 grammes. De même tous les poids moléculaires des corps composés seront évalués en grammes.

On appelle *molécule-gramme* d'un corps, son poids moléculaire, évalué en grammes.

Dans les formules, le symbole d'un corps simple représente non seulement ce corps, mais encore le poids de son atome :

H désigne 1 atome ou 1 gramme d'hydrogène
O   —   1 atome ou 16 grammes d'oxygène.

La formule de l'eau étant H^2O, la molécule-gramme de l'eau ou son poids moléculaire (exprimé en grammes) sera :

$$2 \times 1 + 16 = 18 \text{ grammes.}$$

Nous avons vu (§ 6) que la formule de l'acide sulfurique est SO^4H^2.

S désigne 1 atome ou 32 grammes de soufre
O^4 — 4 atomes ou 4×16 — d'oxygène
H^2 — 2 atomes ou 2×1 — d'hydrogène

La molécule-gramme de l'acide sulfurique pur est :

$$32 + 4 \times 16 + 2 = 98 \text{ grammes.}$$

8. Méthode employée dans l'étude des corps. — L'étude de chaque corps se fera dans l'ordre suivant :

1° État naturel du corps, c'est-à-dire énumération des principales substances naturelles qui contiennent le corps ;

2° Préparations usuelles dans les laboratoires et dans l'industrie ;

3° Propriétés physiques, c'est-à-dire l'énumération de diverses constantes physiques : le point de fusion (si c'est un corps solide), le point d'ébullition normale (sous la pression d'une atmosphère), la densité à la température de 0°, la solubilité dans l'eau à 0°. En outre, l'action de la chaleur et de l'électricité, pour certains corps du moins ;

4° Propriétés chimiques, c'est-à-dire l'étude des réactions qui s'effectuent entre ce corps et quelques autres corps simples ou composés. En général on étudiera l'action de la substance sur les métalloïdes d'abord, sur les métaux ensuite, et en dernier lieu sur quelques corps composés ;

5° Propriétés physiologiques ;

6° Applications principales.

CHAPITRE II

Hydrogène H

Poids atomique : H = 1

9. État naturel. — A l'état libre, l'hydrogène se trouve dans l'atmosphère; de plus il fait partie des gaz dégagés par beaucoup de volcans.

En combinaison, il existe dans plusieurs substances minérales naturelles (eau, ammoniaque, etc.) et dans presque toutes les matières organiques.

C'est de l'eau qu'on l'extrait habituellement.

L'eau est une combinaison d'hydrogène et d'oxygène répondant à la formule H^2O : on la décompose, c'est-à-dire on sépare l'hydrogène de l'oxygène, soit par un procédé chimique, soit par un procédé physique.

La préparation ordinaire des laboratoires est un procédé chimique.

10. Préparation ordinaire. — *Principe. L'eau additionnée d'une certaine quantité d'acide chlorhydrique ou d'acide sulfurique* est décomposée par le zinc ou le fer à la température ordinaire.

La réaction qui se passe entre plusieurs corps peut être représentée par une égalité ou équation. Dans le premier membre de l'égalité, on écrit les symboles des corps simples ou les formules des corps composés qui réagissent les uns sur les autres, et dans le second membre on écrit les symboles ou les formules des corps qui prennent naissance dans la réaction.

Il faut que le nombre des atomes de chaque corps simple soit le même dans les deux membres de l'équation : on obtient ce résultat, en plaçant devant les formules des *coefficients* convenables.

Quand on décompose l'eau par le zinc en présence de l'acide chlorhydrique, il se produit de l'hydrogène et du *chlorure de zinc*.

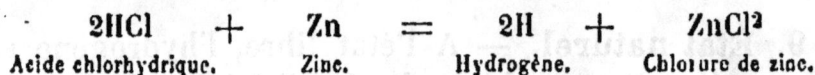

$$2HCl \quad + \quad Zn \quad = \quad 2H \quad + \quad ZnCl^2$$
Acide chlorhydrique.　　　Zinc.　　　Hydrogène.　　　Chlorure de zinc.

La molécule de chlorure de zinc contient 2 atomes de chlore unis à 1 atome de zinc; il faut dès lors prendre 2 molécules d'acide chlorhydrique, puisque chacune d'elles n'a qu'un seul atome de chlore :

Si l'on remplace le zinc par le fer, il se fait le chlorure de ce métal.

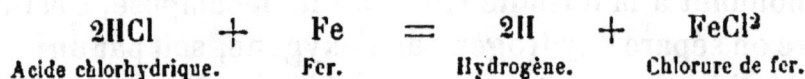

$$2HCl \quad + \quad Fe \quad = \quad 2H \quad + \quad FeCl^2$$
Acide chlorhydrique.　　　Fer.　　　Hydrogène.　　　Chlorure de fer.

Si l'on emploie l'acide sulfurique et le zinc, l'hydrogène prend naissance en même temps qu'un corps qui reste en dissolution et qu'on appelle du *sulfate de zinc*.

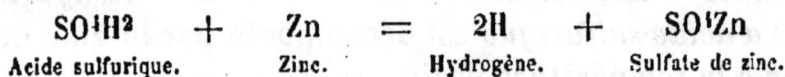

$$SO^4H^2 \quad + \quad Zn \quad = \quad 2H \quad + \quad SO^4Zn$$
Acide sulfurique.　　　Zinc.　　　Hydrogène.　　　Sulfate de zinc.

L'acide sulfurique contient 2 atomes d'hydrogène, qui deviennent libres, ce qui est indiqué par le coefficient 2 placé devant le symbole H du second membre de l'égalité.

Enfin, quand on décompose l'eau par le fer, en pré-

senco d'acido sulfurique, on obtient de l'hydrogène et
du *sulfate de fer*.

$$SO^4H^2 \quad + \quad Fe \quad = \quad 2H \quad + \quad SO^4Fe$$

Acide sulfurique.   Fer.   Hydrogène.   Sulfate de fer.

Toutes ces réactions dégagent une grande quantité
de chaleur.

11. Description de l'appareil. — *Comme la réac-*

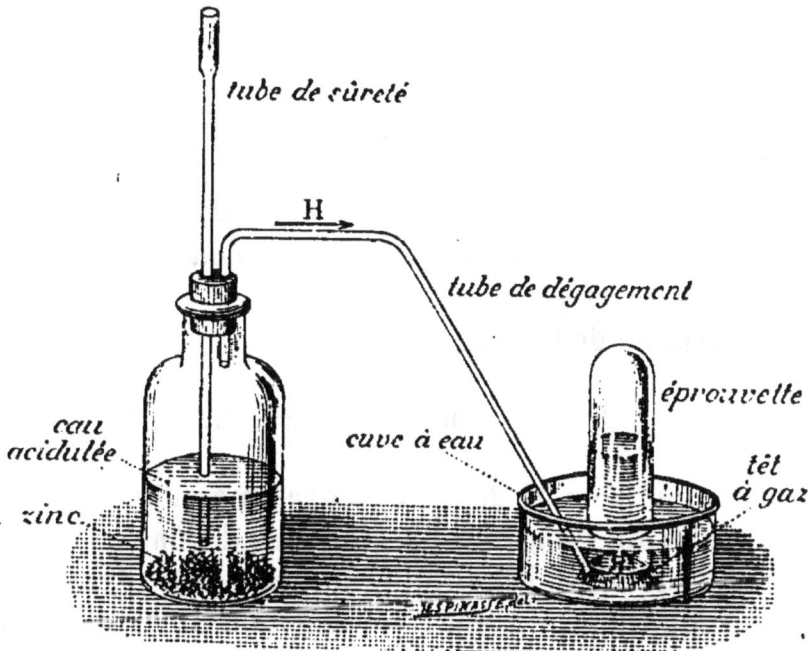

FIG. 1. — Préparation de l'hydrogène par l'eau acidulée
et le zinc (ou le fer).

tion s'accomplit à la température ordinaire, on *prend
un flacon* dans lequel on place le métal (grenaille de
zinc ou tournure de fer) et de l'eau. On ferme par un
bouchon traversé : 1° par un tube de sûreté droit plongeant presque jusqu'au fond; 2° par le tube servant au
dégagement du gaz et qui commence à 1 centimètre au-

1*

dessous du bouchon. L'acide est versé par portions à l'aide du tube de sûreté : l'hydrogène se dégage aussitôt, et on le recueille par déplacement d'eau dans une éprouvette remplie préalablement de ce liquide et renversée sur un récipient plein d'eau. Le gaz hydrogène qui est 11.000 fois plus léger que l'eau s'élève dans l'éprouvette, en même temps que l'eau descend dans la cuve. Le chlorure ou le sulfate métallique produit dans la réaction reste dans le flacon.

Comme l'hydrogène est 14 fois et demie plus léger que l'air, on peut aussi le recueillir par déplacement d'air dans un flacon dont l'ouverture est dirigée vers le bas.

12. Problème. — *Combien peut-on préparer de litres d'hydrogène avec 100 grammes de zinc sachant qu'un litre de ce gaz pèse $0^{gr},089$ et qu'on opère à $0°$ et sous la pression 760 millimètres.*

La formule de la réaction est :

$$SO^4H^2 + Zn = 2H + SO^4Zn.$$

Si le symbole H désigne 1 gramme d'hydrogène, le symbole Zn désignera 65 grammes de zinc.

Donc, d'après l'égalité précédente, 65 grammes de zinc enlèvent à l'acide sulfurique 2H, c'est-à-dire 2 grammes d'hydrogène et par suite 100 grammes de zinc permettent de préparer :

$$\frac{2 \times 100}{65} = 3^{gr},04 \text{ d'hydrogène.}$$

Le nombre de litres d'hydrogène produit est donc :

$$\frac{3,04}{0,089} = 34^{lit},15.$$

13. Procédé physique.

— *On électrolyse, c'est-à-dire on décompose par le courant électrique l'eau additionnée soit d'une petite quantité d'acide sulfurique, soit d'un peu de potasse ou de soude.*

L'appareil employé s'appelle un *voltamètre.*

a) Celui des laboratoires est un vase en verre dont le fond est traversé par deux lames de platine appelées *électrodes :* l'une communique avec le pôle positif d'une pile et l'autre avec le pôle négatif. Le vase contient de l'eau acidulée, ce même liquide remplit complétement au début deux éprouvettes qui recouvrent les électrodes. Dès que le courant électrique passe, l'eau H^2O est

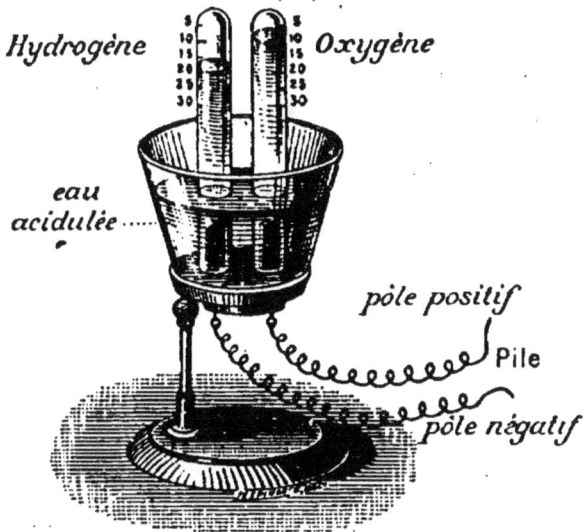

Fig. 2. — Préparation de l'hydrogène par l'électrolyse de l'eau acidulée.

décomposée en hydrogène H et en oxygène O. Le premier gaz se rassemble dans l'éprouvette qui surmonte l'électrode négative, le second gaz se dégage dans l'éprouvette qui est sur l'électrode positive. Quelle que soit la durée de l'expérience, *le volume de l'hydrogène est toujours le double du volume de l'oxygène.*

b) Le voltamètre industriel est un vase en fonte de grandes dimensions relié au pôle négatif.

A l'intérieur est placé un récipient en tôle perforée,

recouvert d'une toile d'amiante, et communiquant avc le pôle positif. L'appareil contient de l'eau additionnée d'une petite quantité de soude (15 à 30 0/0 de cette dernière substance).

14. Production de l'hydrogène par la décomposition de l'eau pure. — On a vu (§ 10), que l'eau *acidulée* est décomposée par le zinc et par le fer à la *température ordinaire*. L'eau *pure* est décomposée par ces métaux à des températures *plus ou moins* élevées, suivant leur état de division.

Par exemple des fils de fer ne décomposent rapidement la vapeur d'eau que si on les porte au rouge : le métal se combine à l'oxygène de l'eau et se transforme en oxyde salin, tandis que l'hydrogène est mis en liberté. On représente ces phénomènes par l'équation :

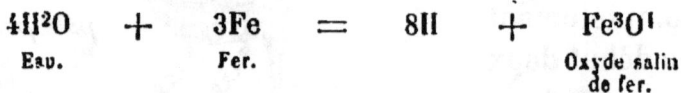

$$4H^2O \quad + \quad 3Fe \quad = \quad 8H \quad + \quad Fe^3O^4$$

Eau.   Fer.   Oxyde salin
                                    de fer.

15. Propriétés physiques. — L'hydrogène est un gaz incolore, inodore, insipide. Il a été liquéfié sous la pression d'une atmosphère vers — 250°, c'est-à-dire à 250° au-dessous du zéro du thermomètre centigrade. A — 258°, il se solidifie sous forme d'une masse transparente, incolore comme de la glace.

C'est le plus léger de tous les gaz connus actuellement, et aussi le plus léger de tous les corps.

Sa densité à 0° est 0,069 (celle de l'air étant prise pour unité). Le poids du litre d'hydrogène à 0° sous la pression de 760 millimètres s'obtient en multipliant la densité de ce gaz par le poids du litre d'air à 0° sous 760 millimètres.

$$\text{Poids du litre d'hydrogène} = 0,069 \times 1^{gr},293$$
$$= 0^{gr},089, \text{ soit près de 9 centigr.}$$

Ce résultat montre que l'hydrogène pèse 14,5 fois moins que l'air, ou encore qu'un litre d'hydrogène pèse près de 9 centigrammes, tandis que 1 litre d'eau à 4° pèse 1.000 grammes ou 100.000 centigrammes ; soit 11.000 fois plus.

L'hydrogène, étant moins dense que l'air, peut être transporté dans une éprouvette E ouverte en bas. On le transvase rapidement d'une éprouvette A dans une éprouvette B pleine

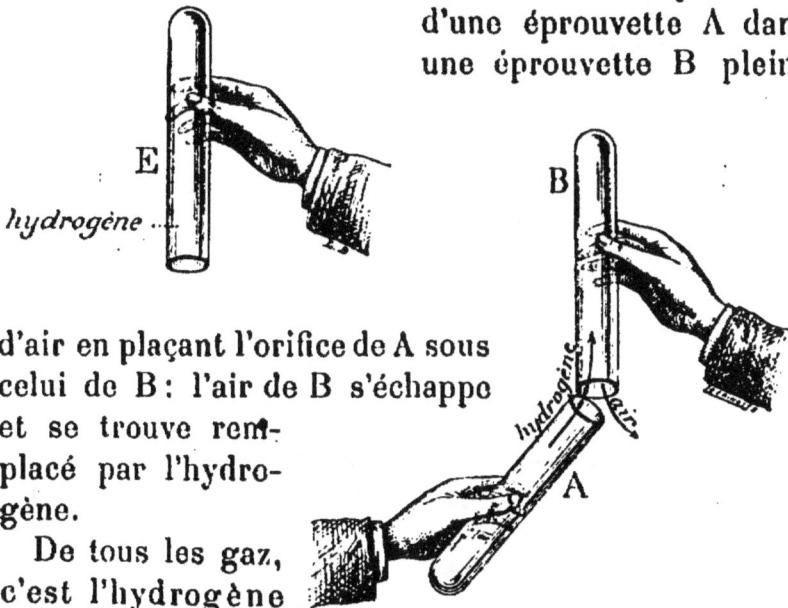

d'air en plaçant l'orifice de A sous celui de B : l'air de B s'échappe et se trouve remplacé par l'hydrogène.

De tous les gaz, c'est l'hydrogène qui traverse le plus rapidement les enveloppes poreuses : le papier, le caoutchouc, la terre poreuse aux températures ordinaires ; les tubes en fer, en platine, aux températures supérieures au rouge sombre (à 500°).

Fig. 3. — Transvasement de l'hydrogène.

Comme tous *les gaz liquéfiables au-dessous de* — 150°, l'hydrogène est extrêmement *peu soluble dans l'eau;* par conséquent, il traverse ce liquide sans s'y dissoudre notablement. Aussi le recueille-t-on par déplacement d'eau dans des éprouvettes renversées sur la cuve à eau.

16. Propriétés chimiques. — L'hydrogène se combine directement à quelques autres corps simples, notamment au fluor, au chlore, à l'oxygène.

Sa combinaison avec le fluor s'effectue non seulement à 0°, mais encore à des températures *très basses* entre — 200° et — 250°, alors que l'hydrogène et le fluor sont l'un et l'autre liquides : il en résulte de *l'acide fluorhydrique* HF.

$$H + F = HF.$$

L'hydrogène réagit sur le chlore dès la température ordinaire et sous l'influence de la lumière pour donner de *l'acide chlorhydrique*.

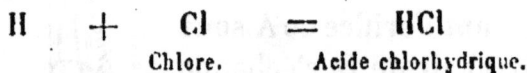

$$H \quad + \quad Cl \quad = \quad HCl$$
Chlore.   Acide chlorhydrique.

17. Combustion de l'hydrogène. — L'union de l'hydrogène et de l'oxygène s'appelle une *combustion* et donne naissance à de l'eau.

$$2H \quad + \quad O \quad = \quad H^2O$$
Hydrogène.   Oxygène.   Eau.

C'est la raison pour laquelle on dit que l'hydrogène est *combustible*.

Cette oxydation ou combustion de l'hydrogène est provoquée :

1° Par la chaleur seule : la combinaison est partielle et lente entre 200° et 400°; elle est totale et rapide, instantanée même, au-dessus de 400°, et donne alors lieu à un dégagement de chaleur et de lumière. Voici quelques expériences où l'on réalise cette *combustion vive*.

a) Approchons une allumette ou une bougie enflammée de l'ouverture inférieure d'une éprouvette pleine d'hydrogène et tenue verticalement. Les couches infé-

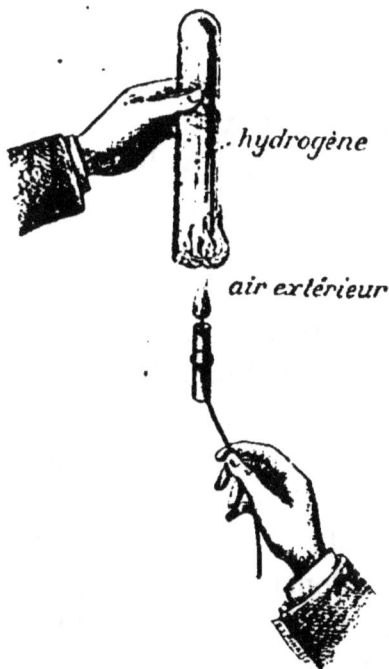

Fig. 4. — Combustion de l'hydrogène.

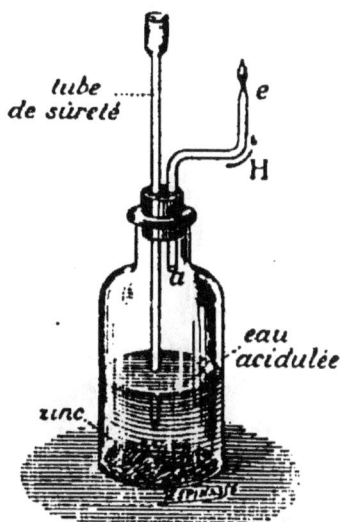

Fig. 5. — Combustion de l'hydrogène.

rieures de ce gaz se combinent à l'oxygène de l'air extérieur avec production d'une flamme très pâle.

b) Soit un appareil producteur d'hydrogène muni d'un tube *ae* effilé à son extrémité supérieure *e*. Quand la réaction marche depuis quelques minutes, c'est-à-dire lorsqu'on est certain que tout l'air a été chassé du flacon, on approche de l'orifice *e* un corps porté au rouge, aussitôt l'hydrogène qui sort s'enflamme. Si l'air n'avait pas été complètement expulsé de l'appareil, une explosion capable de le briser se produirait.

c) Dans les deux expériences précédentes, l'hydrogène n'est pas mélangé à l'air au moment où l'on élève sa température à celle du rouge naissant. Qu'arrive-t-il si l'hydrogène est préalablement mélangé d'air ou d'oxygène?

Dans un flacon, introduisons un mélange de 100 centimètres cubes d'hydrogène et de 50 centimètres cubes d'oxygène, soit 2 volumes du premier gaz et 1 volume du second, et approchons une flamme de l'ouverture du vase. La combinaison des deux gaz est instantanée, et elle est accompagnée d'une forte détonation : le flacon peut même se briser. La vapeur d'eau qui s'est produite a refoulé l'air à l'orifice du flacon, puis elle s'est condensée, ce qui amène le vide, et l'air rentre brusquement ; de là une détonation.

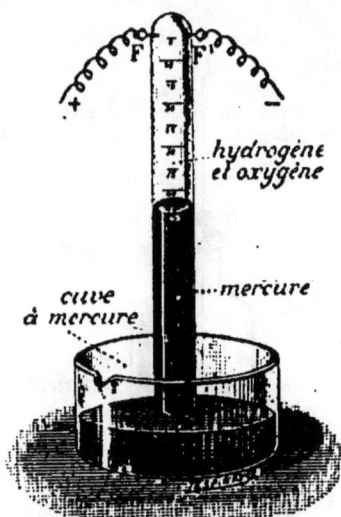

Fig. 6. — Combinaison de l'hydrogène et de l'oxygène dans l'eudiomètre.

Un mélange d'hydrogène et d'air que l'on enflamme produit une détonation moins violente, en raison de l'azote qui est mêlé à l'oxygène dans l'air.

2° La combustion de l'hydrogène est déterminée par l'étincelle électrique.

Soit un *eudiomètre*, c'est-à-dire une éprouvette en verre à parois résistantes, traversée à sa partie supérieure par deux fils de platine F et F′ qui se terminent à une petite distance l'un de l'autre.

On le remplit de mercure, puis on y fait pénétrer *un* volume d'oxygène, par exemple 15 centimètres cubes, et *deux* volumes d'hydrogène, c'est-à-dire 2 × 15 ou 30 centimètres cubes. On fait jaillir une étincelle électrique entre F et F', aussitôt une détonation se produit : la vapeur d'eau qui s'est formée se condense, et le mercure s'élève jusqu'au sommet.

3° La combinaison des deux gaz hydrogène et oxygène s'effectue à la température ordinaire, sous l'influence

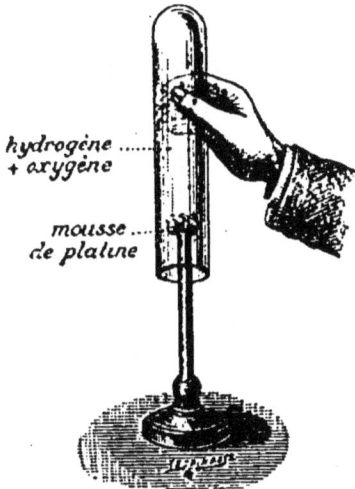

FIG. 7. — Combinaison de l'hydrogène et de l'oxygène en présence de la mousse de platine.

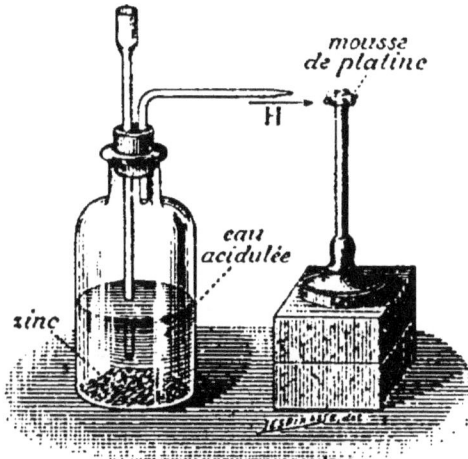

FIG. 8. — Inflammation d'un jet d'hydrogène par la mousse de platine.

de la *mousse de platine*, c'est-à-dire du platine poreux.

Dans une éprouvette remplie d'un mélange de 1 volume d'oxygène et de 2 volumes d'hydrogène, introduisons un fragment de mousse de platine sèche (autrement dit privée de toute humidité). Au bout de quelques secondes, le platine devient rouge, et une détonation se fait entendre.

De même, la mousse de platine sèche placée à plusieurs centimètres de l'ouverture étroite d'un tube par

lequel sort un courant d'hydrogène, et sur le trajet de
celui-ci, enflamme le jet gazeux.

18. Caractères de la flamme de l'hydrogène.
— La flamme qui accompagne la combustion de l'hydrogène est : 1° très chaude ; elle peut fondre un fil mince
de platine, métal fusible à 1700° ; — 2° très pâle, non
éclairante, parce qu'elle ne contient que des corps
volatils : hydrogène, oxygène, vapeur d'eau.

Elle devient très éclairante, quand elle entoure un
fragment de chaux ou de magnésie, ou quand elle contient en suspension des particules de carbone. On réalise ce dernier cas, en faisant passer le courant d'hydrogène dans un li-quide orga-

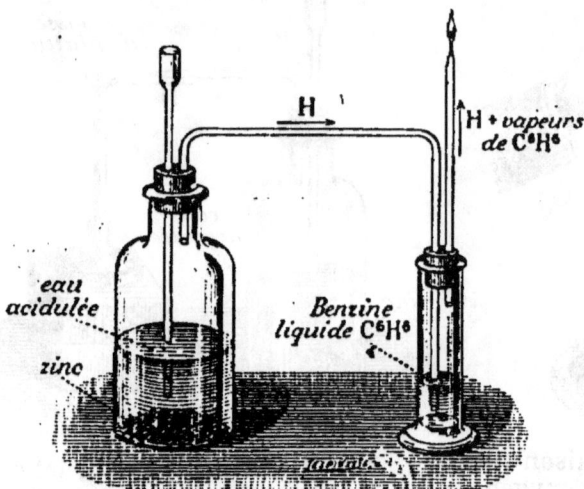

FIG. 9. — La flamme d'hydrogène est lumineuse
quand le gaz entraîne des vapeurs de benzine.

nique (§ 4) très volatil, comme la benzine C^6H^6. L'hydrogène entraîne des vapeurs de cette substance qui est
décomposée par la chaleur de la flamme, et du carbone
est mis en liberté.

Il faut remarquer que la chaux, la magnésie, le carbone sont des corps solides *infusibles* dans la flamme
de l'hydrogène.

19. Occlusion par les métaux. — Plusieurs métaux
fixent de l'hydrogène, et en quantité d'autant plus con-

sidérable qu'ils sont plus divisés. Cette *occlusion* de
l'hydrogène est présentée surtout par le *palladium*, et
à un moindre degré par le platine, l'or, le nickel, le
fer.

Un fil de palladium peut absorber 930 à 960 fois son

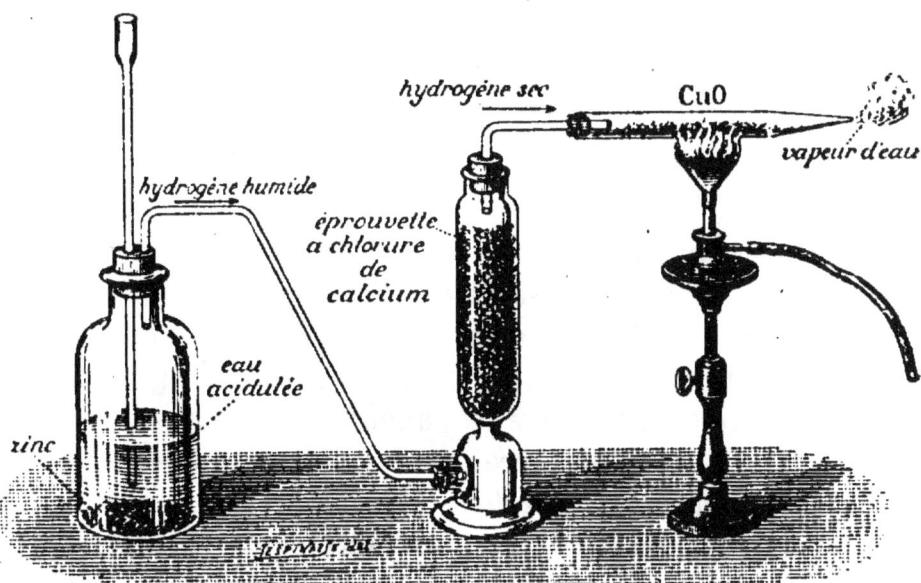

FIG. 10. — Réduction de l'oxyde de cuivre par l'hydrogène.

volume d'hydrogène : il augmente de volume proportionnellement à la quantité de gaz occlus. En chauffant dans le vide ce fil chargé d'hydrogène, le gaz
redevient libre.

20. Action sur les corps composés. — L'hydrogène enlève l'oxygène à un grand nombre de corps qui
en contiennent pour former de l'eau. On dit que l'hydrogène les *réduit*, et ce genre de réaction est une *réduction*.

C'est ainsi que l'hydrogène réduit beaucoup d'*oxydes
métalliques*, c'est-à-dire des combinaisons des métaux

avec l'oxygène, par exemple les oxydes de cuivre, de fer, de plomb, de nickel, d'argent. Le métal s'isole, souvent à un état très divisé. Ce *métal réduit de son oxyde* se prête à de nombreuses réactions.

La réduction de l'oxyde de cuivre peut être représentée par l'égalité :

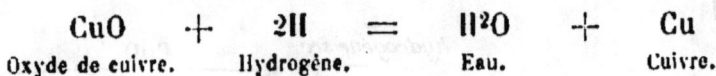

$$CuO \quad + \quad 2H \quad = \quad H^2O \quad + \quad Cu$$

Oxyde de cuivre.   Hydrogène.   Eau.   Cuivre.

Elle peut s'effectuer dans l'appareil ci-dessus (*fig.* 10).

Le gaz hydrogène sortant du flacon où il est produit est humide, c'est-à-dire mélangé à de la vapeur d'eau. On absorbe cette dernière en faisant passer le gaz dans une éprouvette à pied remplie de fragments de chlorure de calcium, après quoi l'hydrogène sec circule dans un tube de verre contenant l'oxyde de cuivre. Lorsque *tout l'air aura été chassé*, on chauffe légèrement l'oxyde qui perd sa teinte noire et se transforme en cuivre rouge ; en même temps la vapeur d'eau formée se dégage par l'extrémité effilée du tube de verre.

21. Applications. — L'hydrogène est employé pour le gonflement des ballons destinés à s'élever à de grandes hauteurs (5-15 kilomètres). Il a le grand avantage d'être très léger, mais il offre l'inconvénient de traverser rapidement les enveloppes des aérostats.

La chaleur intense que dégage sa combustion permet de fondre le platine, le quartz.

On emploie à cet effet soit le *chalumeau oxhydrique* alimenté par de l'oxygène et de l'hydrogène, soit le *chalumeau aérhydrique* où l'oxygène est remplacé par de l'air.

La flamme du chalumeau dirigée contre un cylindre

de chaux ou de magnésie devient très vive : on lui donne le nom de *lumière Drummond*.

L'hydrogène est utilisé dans les laboratoires pour effectuer la réduction de certains oxydes métalliques et préparer ainsi les *métaux réduits* (nickel, cuivre), qui sont susceptibles de provoquer un grand nombre de réactions.

L'hydrogène liquéfié permet d'obtenir des températures extrêmement basses (— 250°).

CHAPITRE III

Fluor. — Chlore. — Brome. — Iode

Fluor et acide fluorhydrique

22. État naturel. — Le fluor se trouve : 1° dans le sol à l'état de fluorine ou fluorure de calcium CaF^2, et de cryolithe ou fluorure de sodium et d'aluminium ; 2° Dans les dents et les os également à l'état de fluorure de calcium.

C'est la fluorine qui sert à la préparation de l'acide fluorhydrique, puis de ce dernier on retire le fluor.

Acide fluorhydrique HF

$$\text{Poids moléculaire} = 20 \begin{bmatrix} H = 1 \\ F = 19 \end{bmatrix}$$

23. Préparation. — L'acide fluorhydrique s'obtient en décomposant le fluorure de calcium par l'acide sulfurique concentré.

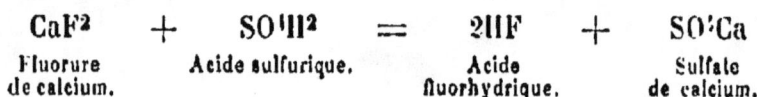

$$CaF^2 \; + \; SO^4H^2 \; = \; 2HF \; + \; SO^4Ca$$

| Fluorure de calcium. | Acide sulfurique. | Acide fluorhydrique. | Sulfate de calcium. |

Le mélange des deux substances est chauffé dans un appareil en fonte ou en plomb; les vapeurs d'acide fluorhydrique qui se dégagent sont condensées dans un serpentin de plomb refroidi à zéro.

24. Propriétés physiques. — L'acide fluorhydrique bouillant à 19° est donc un liquide ou un gaz suivant que la température ambiante est inférieure ou s ieure à 19°.

Il est très soluble dans l'eau, et c'est la solution aqueuse de cet acide que l'on trouve dans le commerce. Elle est conservée dans des bouteilles en plomb, en argent, en platine, ou bien dans des vases en gutta-percha ou en ébonite.

25. Propriétés chimiques. — L'acide fluorhydrique attaque un grand nombre de métaux et les transforme en fluorures ; il réagit plus ou moins rapidement sur les diverses variétés de silice (quartz, etc.), sur les silicates, sur les verres qui ne sont que des mélanges ou des combinaisons de silicates, et forme avec toutes ces substances du fluorure de silicium.

$$4HF \quad + \quad SiO^2 \quad = \quad SiF^4 \quad + \quad 2H^2O$$

| Acide fluorhydrique. | Silice. | Fluorure de silicium. | L'au. |

C'est pour cette raison que l'acide fluorhydrique ne peut être ni préparé ni conservé dans des récipients en verre.

26. Propriétés physiologiques. — L'acide fluorhydrique gazeux ou en solution attaque rapidement la peau et la creuse.

On neutralise son action par un lavage à l'ammoniaque.

27. Applications. — 1° L'acide fluorhydrique est

employé dans le dépolissage des glaces et dans la gravure sur verre.

Dépolir un verre, c'est lui enlever sa transparence, tout en le laissant translucide : pour cela, on l'expose aux vapeurs d'acide fluorhydrique.

Le verre sur lequel on veut graver un dessin est entièrement recouvert d'un vernis qui est une dissolution de cire dans l'essence de térébenthine.

Avec une pointe, on trace les traits de manière à mettre à nu la surface du verre, après quoi on fait agir soit les vapeurs d'acide fluorhydrique soit la solution aqueuse de ce corps.

2° L'acide fluorhydrique est quelquefois utilisé comme antiseptique.

3° Il sert à la préparation du fluor.

Fluor F

Poids atomique : F = 19

28. Préparation. — On électrolyse l'acide fluorhydrique qui est une combinaison du fluor avec l'hydrogène.

$$HF = F + H.$$

Sous l'influence du courant électrique, l'hydrogène se rend au pôle négatif ; tandis qu'au pôle positif se dégage un mélange de fluor et d'acide fluorhydrique.

Ce dernier se condense dans un serpentin de cuivre refroidi vers —90°, et le fluor pur est recueilli par déplacement d'air dans des flacons en verre bien propres et parfaitement secs.

L'appareil dans lequel s'effectue l'électrolyse est un tube en **U** en cuivre : chaque branche, fermée par un cylindre de fluorine, contient une électrode cylindrique en platine. Le tube est refroidi à — 50°.

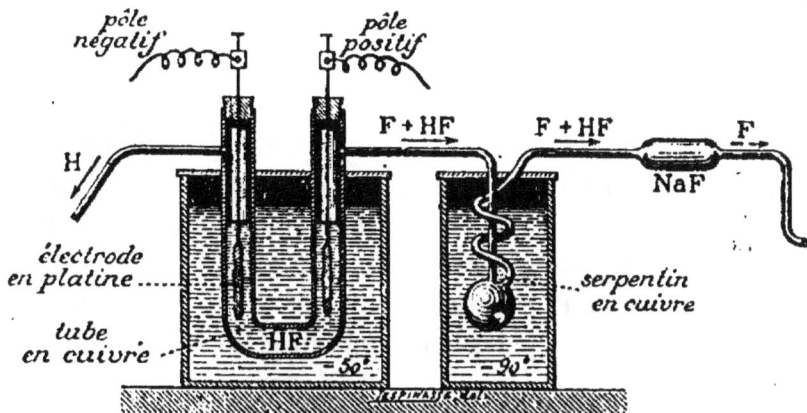

FIG. 11. — Préparation du fluor par électrolyse de l'acide fluorhydrique.

29. Propriétés physiques. — Le fluor est un gaz jaune verdâtre, plus lourd que l'air : sa densité est de 1,31. Il est liquéfiable à — 187° (c'est à peu près le point de liquéfaction de l'air), et forme un solide blanc vers — 230°.

30. Propriétés chimiques. — Le fluor est l'un des corps les plus actifs que l'on connaisse. Il s'unit à la plupart des éléments, et souvent à de très basses températures. C'est ainsi que le fluor liquide se combine à — 187° avec inflammation à l'hydrogène, au soufre, au phosphore.

Le fluor décompose l'eau à la température ordinaire.

$$2F + H^2O = 2HF + O.$$

L'oxygène mis en liberté est *ozonisé*.

Le fluor enflamme beaucoup de matières organiques.

Chlore Cl

Poids atomique: Cl = 35,5

31. État naturel. — Le chlore n'existe pas à l'état libre dans la nature. Les sources de ce corps sont divers chlorures métalliques que l'on trouve dans le sol, dans l'eau de mer, et en plus petite quantité dans les eaux de rivière, les eaux de source.

Les chlorures les plus abondants sont les chlorures de sodium, de potassium et de magnésium.

32. Préparations. — On extrait ordinairement le chlore du chlorure de sodium Na Cl, que l'on désigne encore sous les noms de sel de cuisine, sel marin, sel gemme. Les préparations sont nombreuses, et peuvent être réunies en deux groupes : préparations par voie chimique et préparations par voie électrochimique.

I. Préparations par voie chimique. — *a*) On commence par transformer le chlorure de sodium Na Cl en acide chlorydrique HCl: c'est là une opération qui sera étudiée à propos de l'acide chlorhydrique (§ 38).

Puis on extrait le chlore de cet acide : à cet effet, on le *traite par un oxydant*, c'est-à-dire par un corps capable de fournir de l'oxygène destiné à brûler l'hydrogène, et à mettre le chlore en liberté.

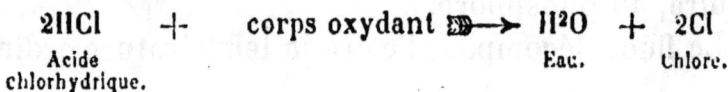

$$2HCl \quad + \quad \text{corps oxydant} \longrightarrow H^2O \quad + \quad 2Cl$$

Acide chlorhydrique.   Eau.   Chlore.

Suivant les cas, l'oxydant employé est l'oxygène de l'air (procédé Deacon), le bioxyde de manganèse (procédé Scheele), le bichromate de potassium, le chlorate de potassium ou de sodium, le permanganate de potassium, etc.

b) *Procédé au bioxyde de manganèse ou préparation ordinaire du chlore dans les laboratoires.* — Dans les laboratoires, on oxyde l'acide chlorhydrique par le bioxyde de manganèse, corps solide noir que l'on trouve dans certaines localités. Tout le chlore contenu dans l'acide chlorhydrique ne devient pas libre ; la moitié se combine en effet au manganèse pour donner le chlorure de ce métal. La réaction est exprimée par l'égalité :

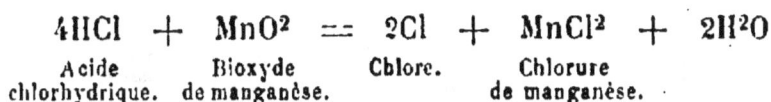

$$4HCl + MnO^2 = 2Cl + MnCl^2 + 2H^2O$$

Acide chlorhydrique.	Bioxyde de manganèse.	Chlore.	Chlorure de manganèse.	

L'acide et le bioxyde sont introduits dans un ballon fermé par un bouchon que traversent un tube de sûreté en S et un tube de dégagement.

La partie recourbée du tube en S contient une petite quantité d'acide chlorhydrique qui réalise la fermeture du ballon tant que la pression du gaz n'est pas trop forte. La réaction commence lentement à froid ; on l'active en chauffant légèrement. Le chlore entraîne du gaz acide chlorhydrique et de la vapeur d'eau. On arrête l'acide chlorhydrique au moyen d'un laveur contenant une petite quantité d'eau ; on absorbe la vapeur d'eau par le chlorure de calcium ou par la ponce imbibée d'acide sulfurique, et on recueille le chlore dans un flacon sec, par déplacement d'air.

On ne peut pas le recevoir dans une éprouvette renversée sur la cuve à eau ou sur la cuve à mercure,

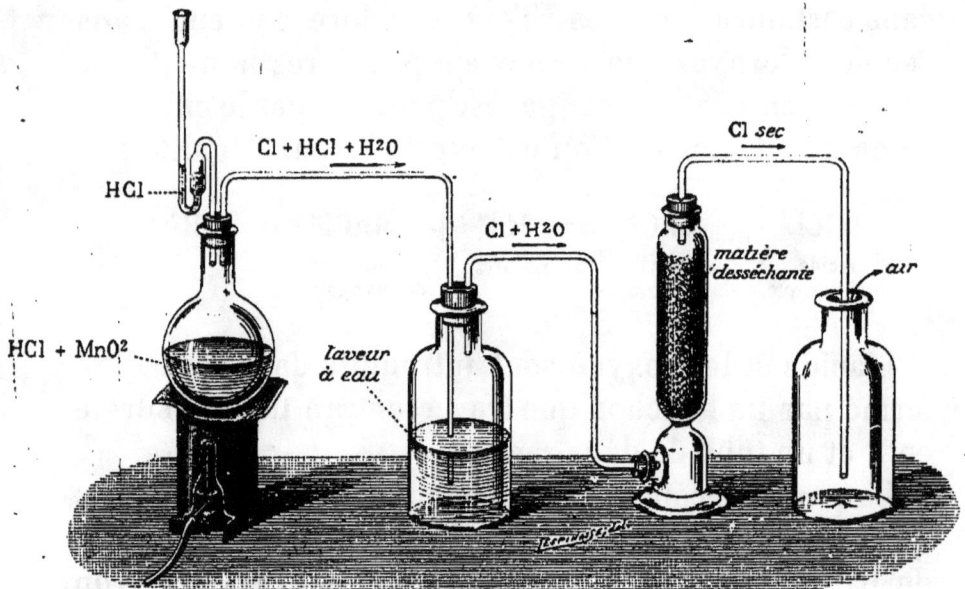

Cl + HCl + H²O

HCl

HCl + MnO²

laveur à eau

Cl + H²O

matière desséchante

Cl sec

air

Fig. 12. — Préparation du chlore par l'acide chlorhydrique et le bioxyde de manganèse.

parce que le premier de ces liquides dissout le chlore, et que le second l'attaque dès la température ordinaire.

c) L'industrie fait également usage du bioxyde de manganèse pour oxyder l'acide chlorhydrique.

La réaction s'effectue soit dans de grandes bonbonnes soit dans des chambres en pierres siliceuses (grès, etc.) substances inattaquables par l'acide.

Le chlorure de manganèse, résidu de la préparation, au lieu d'être rejeté, comme on le fait dans les laboratoires, est traité d'abord par la chaux puis soumis à un courant d'air. Il est transformé de la sorte en un peroxyde de manganèse qui servira au même usage que le bioxyde de manganèse naturel, c'est-à-dire sera employé à oxyder de nouvelles quantités d'acide chlorhydrique. Cette préparation du chlore, qui n'est que le procédé Scheele modifié, est connue sous le nom de *procédé Weldon*.

d) *Procédé Deacon*. — L'oxydant de l'acide chlorhydrique est l'oxygène de l'air:

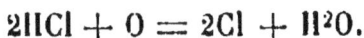

$$2HCl + O = 2Cl + H^2O.$$

Il est inutile d'isoler préalablement l'oxygène. Un mélange de gaz chlorhydrique et d'air circule tout d'abord dans des tubes chauffés à 400°, puis arrive au contact de briques poreuses, imprégnées de *chlorure de cuivre :* cette matière possède la propriété d'activer la réaction de l'oxygène sur l'acide chlorhydrique, aux températures de 450-500°.

II. Préparations par voie électrochimique. — On électrolyse le chlorure de sodium préalablement amené à l'état liquide soit par fusion à une température d'environ 800°, soit par dissolution dans l'eau.

Quand le courant électrique passe dans le bain de chlorure fondu, celui-ci se décompose en ses deux éléments :

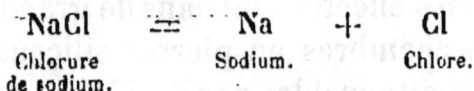

$$NaCl = Na + Cl$$

Chlorure de sodium.   Sodium.   Chlore.

L'appareil est divisé en deux compartiments : l'un d'eux en terre réfractaire renferme une électrode en charbon reliée au pôle positif d'une machine électrique, l'autre contient une électrode métallique qui communique avec le pôle négatif.

Le chlore mis en liberté se porte dans le compartiment positif d'où il s'écoule par un tube et le sodium se dépose contre l'électrode négative.

33. Propriétés physiques. — Le chlore est un gaz jaune verdâtre, dont la densité à 0° est 2,49 : il est donc approximativement 2 fois et demie plus lourd que l'air. 1 litre de chlore à 0° et 760 millimètres pèse par suite :

$$2,49 \times 1^{gr},203 = 3^{gr},220.$$

Il se liquéfie à — 40° sous la pression de 1 atmosphère. Si l'on veut avoir ce corps liquide à + 10°, il faut exercer une pression de 5 atmosphères.

Le chlore est soluble dans l'eau qui, aux températures de 6° à 15°, en dissout 2 à 3 fois son volume. Cette solution, désignée sous le nom d'*eau de chlore*, est jaune et s'altère à la lumière ; aussi doit-on la conserver dans des flacons en verre noir.

34. Propriétés chimiques. — 1° ACTION SUR LES MÉTALLOÏDES. — Le chlore se combine à tous les métalloïdes sauf le fluor, l'oxygène, l'azote et le carbone.

En particulier, il réagit sur l'hydrogène pour donner l'acide chlorhydrique.

$$Cl + H = HCl.$$

Cette réaction s'effectue dans les circonstances suivantes :

Introduisons dans un flacon des volumes égaux de chlore et d'hydrogène, en opérant dans l'obscurité.

a) Si le flacon reste à l'obscurité, ou s'il n'est éclairé constamment que par la lumière d'une bougie ordinaire, la combinaison ne se fait pas, même au bout de plusieurs semaines.

b) Si le flacon est éclairé par 150 bougies, ou bien s'il est exposé à la lumière solaire diffuse, la combinaison s'effectue très lentement et progressivement.

c) Si l'on projette sur le vase, à l'aide d'un miroir concave soit les rayons solaires, soit la lumière électrique, la combinaison est totale et instantanée. La chaleur dégagée est telle que le gaz acide chlorhydrique formé est à une température élevée, dès lors sa pression est considérable et provoque la rupture du flacon.

d) La lumière n'est pas le seul mode d'énergie capable de déterminer la combinaison des deux gaz : celle-ci peut encore être amenée par l'étincelle électrique et par la chaleur. Par exemple, si de l'ouverture du vase renfermant le mélange chlore + hydrogène et maintenu jusqu'alors à l'obscurité, on approche la flamme d'une bougie, le mélange brûle aussitôt sans explosion.

e) Le chlore réagit vivement sur le soufre et le phosphore. La fleur de soufre dans laquelle arrive un courant de chlore se change peu à peu en un liquide jaune-rougeâtre : le *chlorure de soufre* $S^2 Cl^2$.

Le phosphore introduit dans un flacon plein de chlore s'y enflamme immédiatement, et il en résulte le *trichlorure de phosphore* PCl^3, liquide incolore, ou si le chlore est en excès le *pentachlorure de phosphore* PCl^3, solide légèrement jaunâtre.

2° ACTION SUR LES MÉTAUX. — Le chlore agit sur tous les métaux qu'il transforme en *chlorures*. L'attaque s'effectue parfois aux températures ordinaires : il en est ainsi avec le potassium

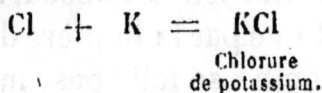

$$Cl + K = KCl$$
Chlorure
de potassium.

avec le sodium, pourvu que le chlore ne soit pas tout à fait sec :

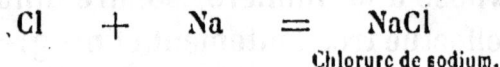

$$Cl + Na = NaCl$$
Chlorure de sodium.

avec le mercure, l'étain.

Une feuille d'or se dissout dans l'eau de chlore et passe à l'état de chlorure d'or.

D'autres métaux, le cuivre, le fer, etc., ne sont attaqués qu'au-dessus de 200°.

3° ACTION SUR LES COMPOSÉS MINÉRAUX CONTENANT DE L'HYDROGÈNE. — *Quand le chlore est en présence d'un composé renfermant de l'hydrogène, il tend à s'emparer de celui-ci pour former de l'acide chlorhydrique.*

Le chlore décompose l'eau comme cela est indiqué dans l'égalité

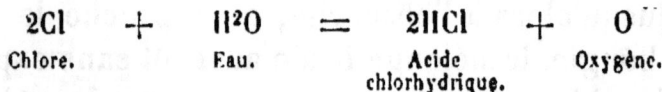

$$2Cl + H^2O = 2HCl + O$$
Chlore.　　　　Eau.　　　　Acide　　　　Oxygène.
chlorhydrique.

Cette décomposition s'effectue dans les circonstances suivantes :

a) Au rouge : un courant de chlore traverse une cornue contenant de l'eau en ébullition, se charge de vapeur d'eau, circule ensuite dans un tube de porcelaine rempli de fragments de même substance et chauffé à plus de 500°. L'oxygène formé est recueilli dans une éprouvette renversée sur la cuve à eau, tandis que l'acide chlorhydrique se dissout dans l'eau de la cuve.

b) Aux températures ordinaires, sous l'influence de la lumière solaire : c'est la raison pour laquelle l'eau de chlore doit être conservée dans un flacon en verre noir ou jaune.

c) Aux températures ordinaires et à l'obscurité, en présence de *corps réducteurs :* ceux-ci enlèvent l'oxygène de l'eau tandis que le chlore fixe l'hydrogène.

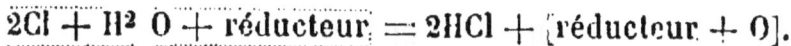

$$2Cl + H^2 O + réducteur = 2HCl + [réducteur + O].$$

On voit donc que *l'eau de chlore est un oxydant.*

L'un de ces corps réducteurs est l'acide sulfureux qui, en absorbant l'oxygène, devient acide sulfurique.

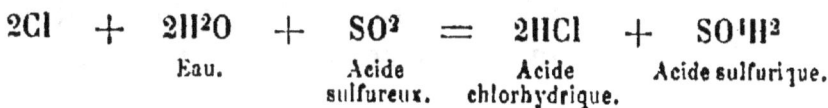

$$2Cl + 2H^2O + SO^2 = 2HCl + SO^4H^2$$

| | Eau. | Acide sulfureux. | Acide chlorhydrique. | Acide sulfurique. |

Le chlore décompose l'hydrogène sulfuré, conformément à l'équation :

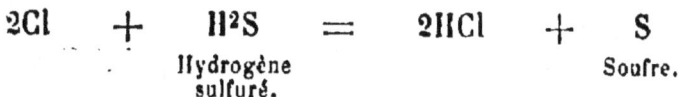

$$2Cl + H^2S = 2HCl + S$$

| | Hydrogène sulfuré. | | Soufre. |

Il réagit aux températures ordinaires sur l'ammoniaque avec production d'azote et de chlorhydrate d'ammoniaque, ce qui se représente par les égalités :

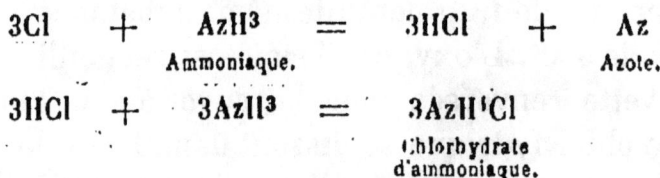

$$3Cl \quad + \quad AzH^3 \quad = \quad 3HCl \quad + \quad Az$$

Ammoniaque.   Azote.

$$3HCl \quad + \quad 3AzH^3 \quad = \quad 3AzH^4Cl$$

Chlorhydrate
d'ammoniaque.

Le chlore est absorbé par les oxydes métalliques (potasse, soude, chaux) et donne naissance à des corps dont la nature varie avec les conditions dans lesquelles on opère.

A froid, et si les oxydes sont en solution étendue (dissous dans une grande quantité d'eau), il se fait un chlorure et un hypochlorite.

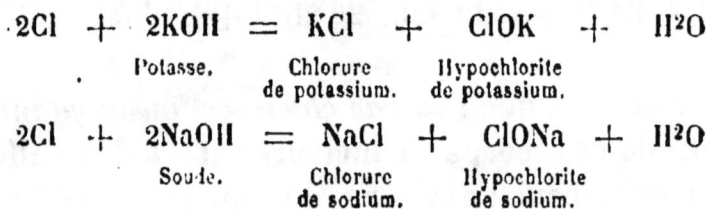

$$2Cl \quad + \quad 2KOH \quad = \quad KCl \quad + \quad ClOK \quad + \quad H^2O$$

Potasse.   Chlorure   Hypochlorite
de potassium.   de potassium.

$$2Cl \quad + \quad 2NaOH \quad = \quad NaCl \quad + \quad ClONa \quad + \quad H^2O$$

Soude.   Chlorure   Hypochlorite
de sodium.   de sodium.

Les mélanges de chlorure et d'hypochlorite alcalin sont désignés dans le commerce sous le *nom d'eau de javel.*

Le chlore réagit à peu près de même sur la chaux éteinte et donne une matière blanche connue sous le nom de *chlorure de chaux*, et qui est un mélange de chlorure de calcium, d'hypochlorite de calcium et de chaux éteinte.

Aux températures supérieures à 50°, ou même à des températures plus basses, si les oxydes sont en solution concentrée (c'est-à-dire dissous dans une petite quantité d'eau), il se fait un chlorure et un *chlorate.*

Par exemple, avec la potasse :

$$6Cl + 6KOH = 5KCl + ClO^3K + 3H^2O$$

Potasse.　　Chlorure　　Chlorate
de potassium.　de potassium.

Un courant de chlore sec est absorbé par l'oxyde jaune de mercure, refroidi à zéro degré : on obtient de l'*anhydride hypochloreux* Cl^2O liquide rouge bouillant à 20° qui se décompose déjà à la température ordinaire en chlore et oxygène.

Si le chlore agit sur l'oxyde de mercure en présence de l'eau, il se fait de l'*acide hypochloreux* $ClOH$, qui reste en solution.

4° ACTION SUR LES COMPOSÉS ORGANIQUES. — Le chlore attaque beaucoup de matières organiques : tantôt il leur enlève de l'hydrogène et prend sa place, tantôt il s'ajoute au composé.

L'eau de chlore modifie profondément diverses matières colorantes organiques.

D'une part le chlore enlève l'hydrogène du composé organique, d'autre part il décompose l'eau et met en liberté de l'oxygène qui est susceptible d'oxyder la substance organique : et celle-ci doublement attaquée se décolore. Exemple : décoloration de la liqueur bleue de sulfate d'indigo.

35. **Propriétés physiologiques.** — Le chlore possède une odeur forte, et irritante. Respiré, il provoque des accès de toux.

36. **Applications.** — L'industrie livre du chlore liquéfié, renfermé dans des récipients en acier qui ne sont point attaqués quand le chlore est bien sec. Aux températures de 10 à 20°, il exerce sur les parois de ces récipients une pression de 5 à 7 atmosphères.

Le chlore gazeux est rarement employé : on le remplace par les *hypochlorites*, substances qui ont la propriété de dégager facilement du chlore.

Les hypochlorites de potassium et de sodium sont les éléments actifs de l'eau de Javel, l'hypochlorite de calcium est le principe actif du chlorure de chaux.

Si ce dernier est humide, le gaz carbonique de l'air en dégage le chlore aux températures ordinaires :

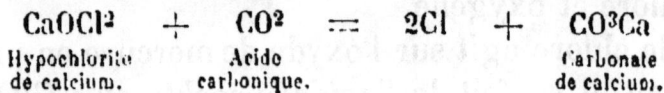

$$CaOCl^2 \quad + \quad CO^2 \quad = \quad 2Cl \quad + \quad CO^3Ca$$

| Hypochlorite de calcium. | Acide carbonique. | | Carbonate de calcium. |

Tous ces hypochlorites forment ce que l'on appelle les *chlorures décolorants*, employés pour le blanchiment des tissus d'origine végétale (lin, chanvre, coton), pour celui des chiffons de couleur et de la paille qui constituent les pâtes à papier (§ 34).

L'eau de chlore, les hypochlorites enlèvent les taches d'encre ordinaire et leur donnent une teinte légèrement jaunâtre : l'encre ordinaire étant obtenue avec du sulfate de fer et de la noix de galle, le chlore enlève l'hydrogène de cette dernière et amène sa décoloration. Au contraire, le chlore n'a pas d'action sur l'encre d'imprimerie formée de charbon (noir de fumée) et d'huile de lin. Si l'on plonge dans l'eau de chlore un papier où sont tracés divers caractères, les uns à l'encre d'imprimerie, les autres à l'encre ordinaire, ces derniers seuls disparaissent.

Le chlorure de chaux est encore utilisé pour la désinfection des lieux d'aisances : le chlore qu'il dégage facilement aux températures ordinaires décompose l'hydrogène sulfuré et l'ammoniaque (§ 34), causes de l'infection.

Acide chlorhydrique HCl

Poids moléculaire $= 36,5 \begin{bmatrix} H = 1 \\ Cl = 35,5 \end{bmatrix}$

37. État naturel. — A l'état libre, l'acide chlorhydrique se dégage de certains volcans. — Les sources de ce corps sont les chlorures métalliques, particulièrement le chlorure de sodium ou sel ordinaire.

38. Préparations industrielles. — 1° On fait réagir le chlorure de sodium sur l'acide sulfurique à haute température (rouge sombre).

$$2NaCl + SO^4H^2 = 2HCl + SO^4Na^2$$
Chlorure de sodium.   Acide sulfurique.   Sulfate neutre
de sodium.

L'opération s'effectue dans des fours : les gaz qui s'en échappent traversent de bas en haut des tours remplies de coke, sur lequel coule de l'eau qui dissout l'acide chlorhydrique.

L'industrie livre donc une *solution d'acide chlorhydrique dans l'eau*, contenant au plus 36 0/0 de son poids d'acide. C'est ce liquide ou des solutions chlorhydriques plus étendues que l'on trouve dans le commerce.

2° On fait agir le chlorure de sodium sur un mélange d'anhydride sulfureux, d'air et de vapeur d'eau, c'est-à-dire sur les trois corps qui par réaction mutuelle engendrent l'acide sulfurique. On évite ainsi la préparation préalab'e de ce dernier.

$$2NaCl + SO^2 + O + H^2O = 2HCl + SO^4Na^2$$
Anhydride   Oxygène.   Eau.   Sulfate neutre
sulfureux.   de sodium.

3

On opère également au rouge sombre (500°).

Ces deux procédés constituent les préparations industrielles du sulfate neutre de sodium.

39. Préparations dans les laboratoires. — L'acide chlorhydrique gazeux dont on a besoin dans les laboratoires s'obtient par les procédés suivants :

a) On l'extrait de la solution chlorhydrique du commerce : il suffit pour cela de la chauffer, et avant qu'elle soit à l'ébullition tout le gaz qu'elle contient se dégage.

b) On emploie les mêmes matières que l'industrie, c'est-à-dire le chlorure de sodium et l'acide sulfurique ; seulement comme on chauffe modérément, c'est le *sulfate acide de sodium* qui prend naissance, et non pas le sulfate neutre.

$$NaCl + SO^4H^2 = HCl + SO^4HNa$$
Sulfate acide
de sodium.

Voici quelques détails sur l'une des manières d'effectuer la préparation.

On introduit dans un ballon de l'eau puis avec précaution de l'acide sulfurique, ce qui provoque un fort échauffement. Lorsque le ballon a repris la température ordinaire, on ajoute le chlorure de sodium du commerce, puis on ferme avec un bouchon traversé par un tube de sûreté en S et un tube de dégagement. On chauffe avec un bec Bunsen brûlant en veilleuse.

Le gaz entraîne de la vapeur d'eau que l'on retient au moyen d'un laveur à acide sulfurique, puis on le reçoit dans des éprouvettes renversées sur la cuve à mercure. On peut également recueillir le gaz chlorhydrique par déplacement d'air dans un flacon bien sec dont l'ouverture est tournée vers le haut.

Si l'on voulait obtenir une dissolution aqueuse d'acide chlorhydrique, on supprimerait le laveur à acide sulfurique, et on ferait barboter le gaz au sortir du ballon producteur dans l'eau contenue dans plusieurs flacons.

Il est bon de refroidir ces derniers en les immer-

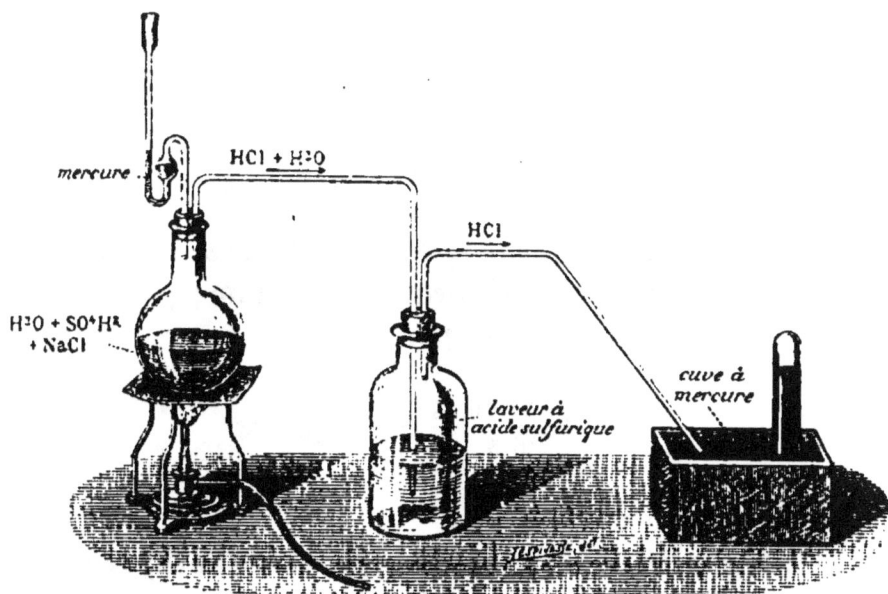

FIG. 13. — Préparation de l'acide chlorhydrique gazeux par le chlorure de sodium et l'acide sulfurique.

geant dans l'eau froide, car la dissolution du gaz chlorhydrique dégage de la chaleur.

40. Problème. -- *Quel poids de chlorure de sodium pur faut-il prendre pour obtenir* 10 *litres d'acide chlorhydrique gazeux à* 0° *et* 760^{mm}, *sachant que* 1 *litre de ce gaz pèse* 1^{gr},641.

Admettons que la réaction s'effectue aux températures de 30° à 50°; dans ce cas elle est représentée par l'équation :

(1) $NaCl + SO^4H^2 = HCl + SO^4HNa$

$$\text{Poids de l'atome Na} = 23$$
$$\text{—} \quad \text{—} \quad Cl = 35,5$$

$$\text{Molécule-gramme de NaCl} = 58,5 \text{ grammes.}$$

$$\text{Poids de l'atome H} = 1$$
$$\text{—} \quad \text{—} \quad Cl = 35,5$$

$$\text{Molécule-gramme de HCl} = 36,5 \text{ grammes.}$$

10 litres de gaz HCl pèsent

$$1^{gr},641 \times 10 = 16^{gr},41.$$

L'équation (1) montre que $36^{gr},5$ de gaz HCl sont produits par $58^{gr},5$ de chlorure de sodium ; par suite $16^{gr},41$ de gaz sont formés par :

$$\frac{58,5 \times 16,41}{36,5} = 26^{gr},3$$

de chlorure de sodium pur.

41. Propriétés physiques. — L'acide chlorhydrique est un gaz incolore, d'une odeur piquante, plus lourd que l'air. Sa densité est de 1,26. Par suite un litre de ce gaz pèse :

$$1,26 \times 1^{gr},293 = 1^{gr},64.$$

Il a été liquéfié à —80° sous la pression atmosphérique.

Il est très soluble dans l'eau : 1 litre de ce liquide à 0° dissout 500 litres de gaz, ou si l'on évalue en poids :

$$500 \times 1^{gr},64 = 820 \text{ grammes.}$$

On montre cette grande solubilité par les expériences suivantes :

a) On remplit de gaz acide chlorhydrique un flacon

ou un ballon que l'on ferme par un bouchon traversé
par un tube effilé à ses deux extrémités. La pointe
extérieure *e* étant fermée, on la plonge dans l'eau additionnée d'une petite quantité de teinture bleue de tournesol. Puis on la brise, le liquide se précipite dans le
flacon et devient rouge
au contact de l'acide chlorhydrique.

b) Une éprouvette
pleine de gaz chlorhy-
drique pur repose sur une
soucoupe contenant du
mercure. On transporte
le tout dans l'eau, puis
on soulève l'éprouvette :
le gaz se dissout instan-
tanément dans l'eau qui
se précipite dans l'éprouvette, vient frapper le
sommet et peut en déter-
miner la rupture.

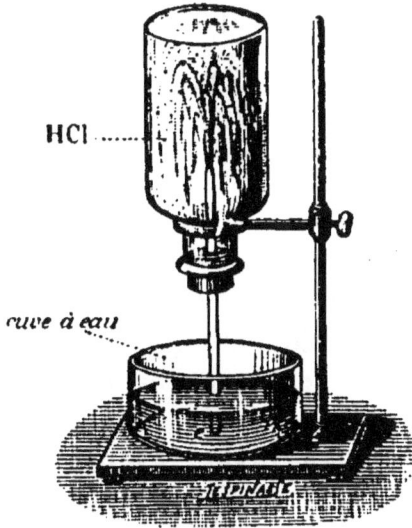

FIG. 14. — Jet d'eau dans le gaz
acide chlorhydrique.

La dissolution du gaz
chlorhydrique dans l'eau dégage une grande quantité
de chaleur. Une éprouvette pleine de gaz acide chlorhydrique est renversée sur la cuve à mercure : on y
introduit un morceau de glace qui, en raison de la
chaleur dégagée, fond rapidement et dissout instantanément le gaz. Le mercure remplit très vite l'éprouvette.

42. Propriétés chimiques. — 1° ACTION SUR LES
CORPS SIMPLES. — L'acide chlorhydrique est décomposé
par l'oxygène et par l'air au rouge sombre (500°) : du
chlore est mis en liberté, et c'est là une préparation

industrielle de ce corps (Procédé Deacon, § 32 *d*).

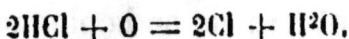

$$2HCl + O = 2Cl + H^2O.$$

L'acide chlorhydrique, à l'*état gazeux*, attaque tous les métaux, sauf l'or et le platine : il se fait les *chlorures* correspondants.

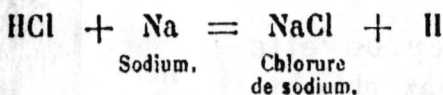

$$HCl + Na = NaCl + H$$

Sodium. Chlorure de sodium.

La température de la réaction varie avec le métal ; souvent elle est peu élevée : 120° environ pour l'argent, elle atteint le rouge pour le mercure.

L'acide chlorhydrique, *dissous dans l'eau*, agit moins énergiquement, et il n'attaque aux températures ordinaires qu'un petit nombre de métaux : le potassium, le sodium, le fer, le zinc.

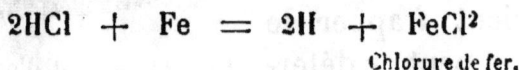

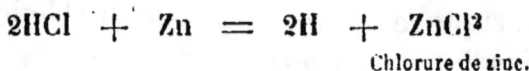

$$2HCl + Fe = 2H + FeCl^2$$

Chlorure de fer.

$$2HCl + Zn = 2H + ZnCl^2$$

Chlorure de zinc.

Cette réaction est utilisée pour préparer l'hydrogène (§ 10 et 11).

2° ACTION SUR LES CORPS COMPOSÉS. — L'acide chlorhydrique se combine à l'ammoniaque, en donnant des fumées blanches, épaisses de chlorhydrate d'ammoniaque.

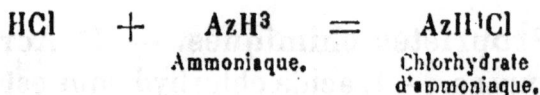

$$HCl + AzH^3 = AzH^4Cl$$

Ammoniaque. Chlorhydrate d'ammoniaque.

Il réagit sur les oxydes métalliques (potasse, soude,

chaux, etc.) : il y a formation de chlorures et dégagement d'une grande quantité de chaleur.

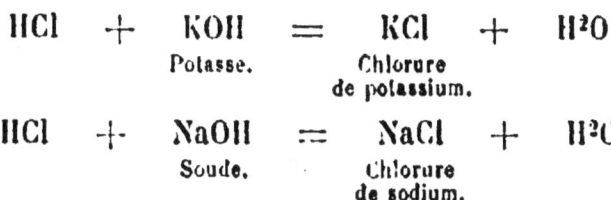

$$HCl + KOH = KCl + H^2O$$
Potasse.   Chlorure
                de potassium.

$$HCl + NaOH = NaCl + H^2O$$
Soude.   Chlorure
              de sodium.

Il décompose les *bioxydes* avec production de chlorures, et de plusieurs autres corps dont la nature varie avec le bioxyde attaqué.

Le bioxyde de manganèse donne le chlore : c'est la préparation ordinaire de ce gaz (§ 32 *b*) :

$$4HCl + MnO^2 = 2Cl + MnCl^2 + 2H^2O.$$

Le bioxyde de baryum produit l'eau oxygénée (§ 81) :

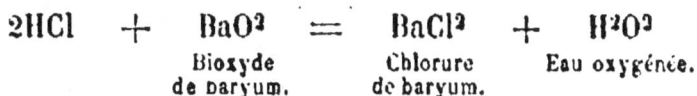

$$2HCl + BaO^2 = BaCl^2 + H^2O^2$$
Bioxyde   Chlorure   Eau oxygénée.
de baryum.   de baryum.

Le mélange d'acide chlorydrique et d'acide azotique constitue une *eau régale* capable de dissoudre l'or et le platine à l'état de chlorures (§ 174 *a*).

43. Caractères. — *a*) Le gaz chlorhydrique et sa solution aqueuse ont les propriétés d'un acide :

1° Ils rougissent la teinture bleue de tournesol.

2° Ils réagissent sur les bases (potasse, soude, chaux, etc.), pour donner des sels, appelés *chlorures*.

b) Le gaz chlorhydrique, ainsi que ses solutions concentrées 1° émettent à l'air des fumées, résultant de ce que le corps HCl s'unit à la vapeur d'eau de l'atmosphère et forme une combinaison qui se condense aussitôt sous forme de brouillard ; 2° donnent des fumées blanches, épaisses de chlorhydrate d'ammoniaque en présence d'ammoniaque gazeuse ou dissoute (il suffit, par exemple, de mettre, l'un près de l'autre, deux verres contenant l'un de l'acide chlorhydrique, l'autre de l'ammoniaque).

3° L'acide chlorhydrique donne avec une solution *d'azotate d'argent* un précipité blanc caillebotó de chlorure d'argent, noircissant à la lumière, soluble dans l'ammoniaque et dans l'hyposulfite de sodium, insoluble dans l'acide azotique.

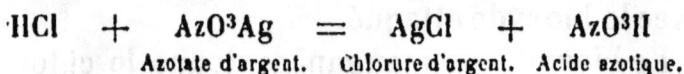

$$HCl + AzO^3Ag = AgCl + AzO^3H$$

Azotate d'argent. Chlorure d'argent. Acide azotique.

44. Applications. — L'acide chlorhydrique, gazeux ou dissous, est employé dans la préparation du chlore (§ 32, I), des chlorures, de l'eau régale, de l'hydrogène (§ 10), etc.

45. Chlorures métalliques. — Les chlorures métalliques sont les combinaisons du chlore avec les métaux ou encore les sels de l'acide chlorhydrique.

On les obtient :

1° Par l'action du chlore sur les métaux (§ 34) ;

2° Par l'action du chlore sur les oxydes métalliques § 34);

3° Par l'action de l'acide chlorhydrique sur les métaux (§ 42) ;

4° Par la réaction de l'acide chlorhydrique sur les oxydes métalliques (§ 42).

Ils sont presque tous solides et solubles dans l'eau froide. Le chlorure de plomb, très peu soluble à froid, se dissout dans l'eau bouillante.

Le chlorure d'argent AgCl, le chlorure mercureux ou calomel Hg^2Cl^2, le chlorure cuivreux Cu^2Cl^2 sont insolubles dans l'eau.

Si l'on désigne par M un métal quelconque, les chlorures répondent, sauf quelques exceptions, aux formules MCl et MCl².

Exemples :

Chlorure de potassium................ KCl
  —   de sodium .... NaCl
  —   d'argent.................... AgCl
  —   de calcium................. CaCl²
  —   de plomb................... PbCl²
  —   de zinc.................... ZnCl²
  —   cuivrique .... CuCl²
  —   mercurique (sublimé corrosif). HgCl²

46. Caractères des chlorures. — 1° Les solutions de chlorures donnent avec une dissolution d'azotate d'argent un précipité blanc de chlorure d'argent, identique à celui que donne avec le même réactif l'acide chlorhydrique (§ 43 b).

$$NaCl + AzO^3Ag = AgCl + AzO^3Na$$
Chlorure de sodium.   Azotate d'argent.   Chlorure d'argent.   Azotate de sodium.

2° Les chlorures chauffés avec de l'acide sulfurique et du bioxyde de manganèse, dégagent du chlore reconnaissable à son odeur et à sa couleur.

Brome Br

Poids atomique : Br = 80

47. État naturel. — Les sources les plus importantes du brome sont les bromures de potassium, de sodium et de magnésium que l'on rencontre : 1° dissous en petites quantités dans les eaux des mers et dans certaines eaux minérales ; 2° dans quelques salines (Stassfurt, en Allemagne), etc.

48. Préparation. — On fait passer un courant de chlore au travers d'une solution du bromure : le brome est mis en liberté.

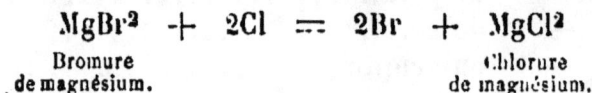

$$MgBr^2 + 2Cl = 2Br + MgCl^2$$

Bromure   Chlorure
de magnésium.   de magnésium.

49. Propriétés physiques. — Le brome est un liquide rouge foncé, qui émet aux températures ordinaires d'abondantes vapeurs rouges. On peut le citer comme exemple d'un corps qu'il est facile d'obtenir sous les trois états physiques, car il se solidifie entre — 7° et — 8°, et il bout à 59° sous la pression 760 millimètres. Il est plus lourd que l'eau : densité à 0° $= 3,18$. Un peu soluble dans l'eau (*eau de brome*), mais beaucoup plus dans divers liquides organiques, comme l'éther, le chloroforme, le sulfure de carbone. Aussi l'eau de brome, agitée avec l'un de ces liquides, leur cède la presque totalité du brome.

50. Propriétés chimiques. — Le *brome possède les propriétés chimiques du chlore;* par conséquent, il se combine à presque tous les éléments, en donnant des bromures.

Il décompose l'eau H^2O, l'acide sulfhydrique H^2S, l'ammoniaque AzH^3, en enlevant l'*hydrogène* de ces corps pour faire de l'*acide bromhydrique* HBr

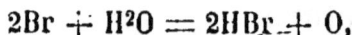

$$2Br + H^2O = 2HBr + O,$$

il est absorbé par les solutions froides de potasse et de soude, tout comme le chlore.

$$2Br + 2KOH = KBr + BrOK + H^2O$$

Potasse.   Bromure   Hypobromite
de potassium. de potassium.

51. Propriétés physiologiques. — Le brome possède une odeur forte et très irritante; ses vapeurs provoquent la toux.

52. Applications. — Il est très employé en chimie organique, où il permet d'effectuer de nombreuses transformations.

Le bromure de potassium KBr est utilisé en médecine, le bromure d'argent AgBr en photographie.

Iode I

Poids atomique : I = 127

53. État naturel. — L'iode libre ne se trouve pas dans la nature. Il se rencontre : 1° combiné aux métaux dans des composés appelés *iodures métalliques*, particulièrement les iodures de potassium, de sodium, de magnésium; 2° combiné à des substances organiques.

Les eaux des mers contiennent ces deux catégories de combinaisons, mais en très faible proportion, puisque d'un litre d'eau de mer, pesant environ 1030 grammes, on ne peut extraire que 0gr,002 d'iode.

Certains végétaux marins, les varechs, appelés encore fucus ou goémons, accumulent des composés iodés dans leur organisme, si bien que 1.000 grammes de ces plantes sèches fournissent en moyenne 1 gramme d'iode. Des substances organiques iodées se trouvent en minime quantité dans une foule d'animaux marins (éponges, poissons, etc.) et dans des animaux terrestres, l'homme compris.

Divers iodures métalliques sont en dissolution dans un assez grand nombre d'eaux minérales.

Enfin l'iodure et l'iodate de sodium sont mélangés à l'azotate de sodium, qui forme des masses considérables au Chili.

54. Préparations. — Actuellement, la plus grande partie de l'iode provient du minerai chilien d'azotate de sodium ; le reste est retiré des varechs.

On incinère ces plantes : leurs matières organiques brûlent, et il reste des *cendres* ou *salin* formé exclusivement de substances minérales, les unes solubles dans l'eau, les autres insolubles. Un lessivage du salin à l'eau froide sépare les premières des secondes.

Les iodures, fort solubles, sont en dissolution. En y faisant passer un courant de chlore, l'iode est mis en liberté.

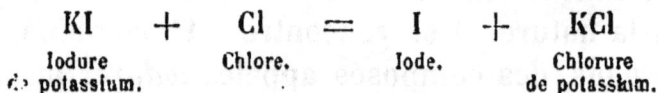

$$KI \quad + \quad Cl \quad = \quad I \quad + \quad KCl$$

| Iodure de potassium. | Chlore. | Iode. | Chlorure de potassium. |

55. Propriétés physiques. — L'iode est un corps solide, gris noir, ayant un faible éclat métallique. Il est presque 5 fois plus lourd que l'eau, puisque sa densité est 4,9. Il bout à 183° ; mais bien au-dessous de son point d'ébullition, il émet d'abondantes vapeurs violettes. Plaçons quelques parcelles d'iode dans la partie inférieure d'un petit ballon, et chauffons légèrement, le ballon se remplit aussitôt de vapeurs violettes. Celles-ci viennent se condenser à l'état de petits cristaux sur les régions supérieures et froides du vase.

L'iode ne se dissout qu'en très faible quantité dans l'eau, et la colore en jaune (*eau iodée*).

Il est, au contraire, très soluble dans l'alcool qui prend une teinte jaune-rouge (*teinture d'iode*) dans l'éther, la benzine, le chloroforme, le sulfure de carbone. La teinte de ces solutions varie du jaune-rouge au violet.

Il colore en jaune la peau, le papier; il communique à l'empois d'amidon et à la mie de pain une teinte bleue qui disparaît vers 50°, pour reparaître par le refroidissement, si l'on n'a pas chauffé trop longtemps.

56. Usages. — L'iode est employé en médecine : teinture d'iode, coton iodé.

CHAPITRE IV

Oxygène. — Eau

Oxygène O

Poids atomique : O =

57. État naturel. — L'oxygène est à l'état libre dans l'air, il est combiné dans l'eau et dans une foule d'autres composés minéraux. Il entre également dans la composition d'un grand nombre de matières organiques.

58. Préparations. — Les préparations de ce corps peuvent se répartir en trois groupes :

1° Extraction de l'air atmosphérique ;

2° Extraction de l'eau ;

3° Extraction d'oxydes métalliques et de sels oxygénés.

Extraction de l'air atmosphérique. — I. Par une méthode chimique. — L'air est un mélange d'azote et d'oxygène avec de minimes quantités de plusieurs autres gaz et vapeurs.

Convenons de le représenter ainsi :

$$[O + Az].$$

Pour en extraire l'oxygène, il faudrait absorber l'azote.

Or, on ne connaît pas de corps qui s'emparent de l'azote sans fixer en même temps l'oxygène. On tourne la difficulté en combinant l'oxygène de l'air à une substance qui pourra facilement le dégager dans la suite, tout en régénérant la matière primitive de sorte que celle-ci pourra resservir à de nouvelles opérations.

Dans le procédé Boussingault, on fait choix de la *baryte* ou protoxyde de baryum BaO. Celle-ci, chauffée au rouge (à 500°) dans un courant d'air en absorbe l'oxygène et se transforme en *bioxyde de baryum* :

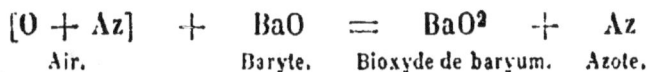

$$[O + Az] \quad + \quad BaO \quad = \quad BaO^2 \quad + \quad Az$$
$$\text{Air.} \qquad\qquad \text{Baryte.} \quad \text{Bioxyde de baryum.} \quad \text{Azote.}$$

A une température de 900° (rouge vif) ou à partir de 500°, *mais sous pression très réduite*, le bioxyde se décompose et restitue l'oxygène :

$$BaO^2 = O + BaO.$$

On opère comme il suit : un courant d'air circule d'abord sur des fragments de baryte, qui lui enlèvent à la température ordinaire, son acide carbonique et sa vapeur d'eau; puis il passe sur une baryte très spongieuse chauffée à 650°, en même temps qu'il est comprimé à 2 atmosphères [1]; la baryte s'oxyde. Après élimination de l'azote non absorbé, on réalise la décomposition du bioxyde BaO², sans élever la température, mais en faisant le vide jusqu'à une pression de 60 millimètres de mercure.

II. PAR UNE MÉTHODE PHYSIQUE. — L'air est liquéfié, puis abandonné dans un vase ouvert : le gaz le plus volatil, c'est-à-dire l'azote se vaporise le premier, et après

---

1.   2 atm. $= 2 \times 760$ millimètres de mercure.

son élimination, il se vaporise un mélange d'azote et d'oxygène, contenant jusqu'à 80 0/0 d'oxygène (tandis que l'air dont on est parti n'en renferme que 21 0/0).

59. Extraction de l'oxygène de l'eau. — L'eau est décomposée par le courant électrique, c'est-à-dire ÉLECTROLYSÉE.

Comme cela a été indiqué aux préparations de l'hydrogène, il est indispensable que l'eau soit additionnée d'une petite quantité d'acide sulfurique ou de soude (§ 13).

L'appareil industriel est un vase en fonte relié au pôle négatif d'une machine électrique ; à l'intérieur est placé un vase en toile d'amiante, relié au pôle positif. Le tout contient une solution de 15 à 30 0/0 de soude. Du récipient intérieur sort de l'oxygène pur, et du vase extérieur s'échappe l'hydrogène. Ce procédé constitue donc une préparation de l'oxygène et de l'hydrogène.

60. Extraction de l'oxygène des oxydes métalliques et des sels oxygénés. — Un certain nombre de ces corps dégagent de l'oxygène par la seule action de la chaleur. La substance la plus fréquemment utilisée est le *chlorate de potassium*, et c'est sa décomposition qui fournit l'oxygène employé dans les laboratoires.

a) PRÉPARATION ORDINAIRE DE L'OXYGÈNE DANS LES LABORATOIRES. — Le chlorate de potassium est un solide blanc, qui, chauffé *seul*, fond à 350° et se décompose vers 400° en oxygène et chlorure de potassium.

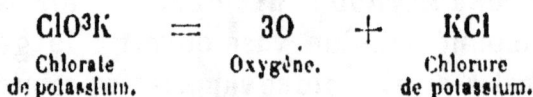

$$ClO^3K \quad = \quad 3O \quad + \quad KCl$$

Chlorate de potassium.	Oxygène.	Chlorure de potassium.

Il se fait en même temps un corps plus oxygéné que

le chlorate et que l'on appelle pour cette raison le *perchlorate de potassium* ClO^4K, lequel ne se décompose qu'au-dessus de 500°.

La décomposition du chlorate se fait bien au-dessous de son point de fusion, et le dégagement du gaz oxygène est plus régulier si le chlorate est additionné de l'un des oxydes métalliques suivants : bioxyde de manganèse MnO^2, oxyde salin de manganèse Mn^3O^4, sesquioxyde de fer Fe^2O^3, oxyde de cuivre CuO, bioxyde de plomb PbO^2.

La préparation s'effectue de la manière suivante. Un

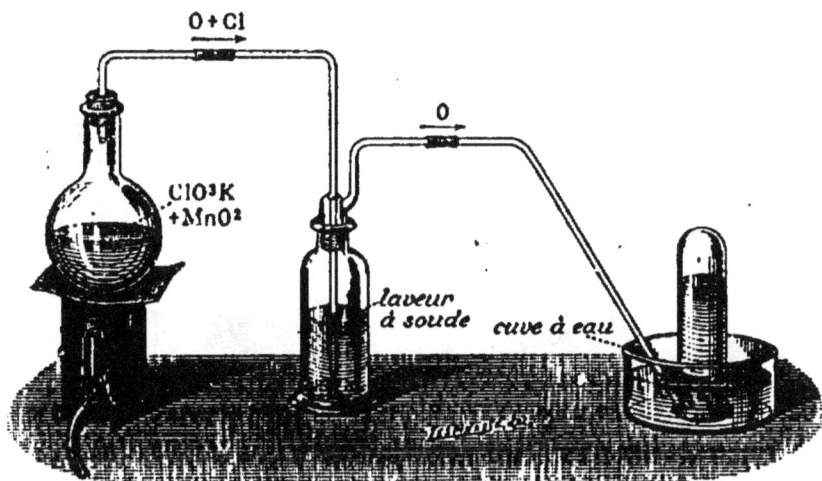

Fig. 15. — Préparation d'une petite quantité d'oxygène par le chlorate de potassium mélangé au bioxyde de manganèse.

mélange à poids égaux de chlorate de potassium et de bioxyde de manganèse est introduit dans un ballon ou dans une cornue en verre. La décomposition commence vers 200° : l'oxygène est recueilli dans une éprouvette ou dans un flacon renversé sur la cuve à eau.

Si la décomposition du chlorate a été totale, il reste

dans le ballon un mélange de chlorure de potassium et
de bioxyde de manganèse.

L'oxygène ainsi obtenu n'est pas pur : il est mélangé
à de petites quantités de chlore et d'acide carbonique
(celui-ci provenant de l'action de la chaleur sur les impuretés du chlorate et du bioxyde). Un laveur à soude ou
à potasse arrête ces deux gaz.

b) Si l'on veut obtenir une grande quantité d'oxygène
(100, 200 litres et plus), le mélange de chlorate de
potassium et de bioxyde de manganèse est placé dans

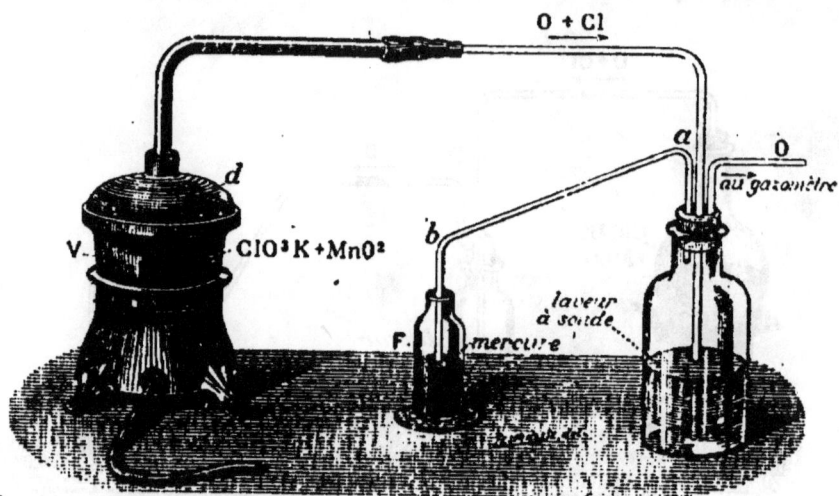

FIG. 16. — Préparation d'une grande quantité d'oxygène par le chlorate de potassium mélangé au bioxyde de manganèse.

un vase V large, peu élevé et muni à sa partie supérieure d'une rigole dans laquelle on place le dôme d.
Les deux parties de cet appareil qui est en fonte, sont
lutées avec du plâtre.

L'oxygène se dégage par un large tube fixé au
sommet du dôme, traverse un laveur à soude qui retient

les traces de chlore produites dans la réaction, et vient remplir un gazomètre.

· Un tube *ab* plongeant dans le mercure d'un flacon ouvert F fournit une issue au gaz quand on ferme le robinet du gazomètre.

c) PROBLÈME. — *Quel est le poids de chlorate de potassium qui fournit par sa décomposition complète 10 litres d'oxygène : le poids du litre de ce gaz à 0° et 760ᵐᵐ est de 1ᵍʳ,429.*

La décomposition complète du chlorate de potassium est représentée par l'égalité :

$$ClO^3K = 3O + KCl.$$

1 molécule-gramme de chlorate donne 3 atomes d'oxygène ou $3 \times 16 = 48$ grammes de ce gaz.

Poids de 1 atome de chlore $= 35,5$
— 3 — d'oxygène $= 3 \times 16 = 48$
— 1 — de potassium $= 39$
$\overline{122^{gr},5}$

1 litre d'oxygène pesant 1ᵍʳ,429, 10 litres de ce gaz pèseront 14ᵍʳ,29.

48 grammes d'oxygène sont fournis par 122ᵍʳ,5 de chlorate de potassium, 14ᵍʳ,29 sont fournis par :

$$\frac{122,5 \times 14,29}{48} = 36^{gr},4.$$

Ainsi il faut décomposer 36ᵍʳ,4 de chlorate de potassium pour obtenir 10 litres d'oxygène à 0° et 760 millimètres.

61. Réactions diverses donnant de l'oxygène. — Un grand nombre de réactions produisent de l'oxygène et quelques-unes d'entre elles sont parfois utilisées comme préparations de ce gaz.

a) Décomposition-du-bioxyde de manganèse à la température de 500°

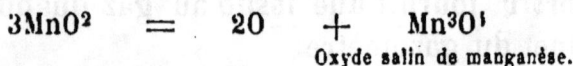

$$3MnO^2 \; = \; 2O \; + \; Mn^3O^4$$
Oxyde salin de manganèse.

b) Décomposition du bioxyde de manganèse par l'acide sulfurique concentré à une température inférieure au rouge sombre

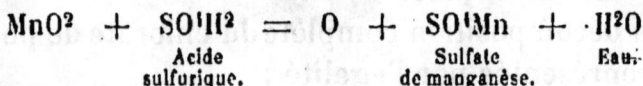

$$MnO^2 \; + \; SO^4H^2 \; = \; O \; + \; SO^4Mn \; + \; H^2O$$
<!-- labels -->
Acide sulfurique.   Sulfate de manganèse.   Eau.

c) Les préparations précédentes exigent des températures assez élevées, il n'en est plus de même des suivantes qui se font à froid.

Destruction de l'eau oxygénée H^2O^2 par le bioxyde de manganèse, le permanganate de potassium, le chlorure de chaux.

Décomposition du bioxyde de sodium par l'eau.

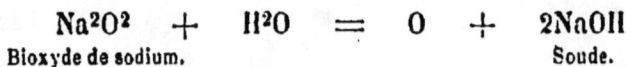

$$Na^2O^2 \; + \; H^2O \; = \; O \; + \; 2NaOH$$
Bioxyde de sodium.   Soude.

Cette dernière réaction est utilisée pour restituer l'oxygène à l'atmosphère d'un local clos où séjournent des animaux (l'acide carbonique que ceux-ci dégagent est absorbé par la soude).

62. Propriétés physiques. — L'oxygène est un gaz incolore, inodore, un peu plus lourd que l'air. Sa densité est de ,105 (celle de l'air étant prise pour unité). Le poids du litre d'oxygène à 0° sous la pression de 760 millimètres s'obtient en multipliant la densité 1,105 par le poids du litre d'air pris dans les mêmes conditions de température et de pression, soit :

$$1,105 \times 1^{gr},293 = 1^{gr},420.$$

L'oxygène se liquéfie à — 183° sous la pression d'une atmosphère. Il est très peu soluble dans l'eau qui, à 0°, n'en dissout que les $\frac{4}{100}$ de son volume.

63. Propriétés chimiques. — 1° ACTION SUR LES MÉTALLOÏDES. — L'oxygène se combine directement à tous les métalloïdes, sauf les halogènes (fluor, chlore, brome, iode).

Il s'unit à l'hydrogène pour former de l'eau dans des circonstances qui ont été étudiées précédemment (§ 17) ; au soufre pour donner l'anhydride sulfureux (§ 91).

$$S + 2O = SO^2,$$

à l'azote sous l'influence de l'étincelle électrique, et il en résulte le peroxyde d'azote. Il se combine au phosphore dès la température ordinaire : les circonstances de cette oxydation et les corps qui prennent naissance seront étudiés plus loin (§ 188) ;

L'oxygène s'unit encore au carbone et forme de l'acide carbonique

$$C + 2O = CO^2.$$

La température à laquelle débute l'oxydation varie avec la nature du charbon (§ 207).

Ces combinaisons de l'oxygène sont désignées souvent sous le nom de *combustions*. Dans beaucoup de cas, la combustion commence à une température peu élevée, et s'effectue alors lentement. Elle s'accélère à mesure que la température s'accroît, dégage beaucoup de chaleur et peut amener l'incandescence ou l'inflammation du corps qui s'oxyde.

La combustion est *vive* quand elle donne lieu à un

dégagement de lumière; elle est *lente* dans le cas contraire. La combustion vive de quelques métalloïdes peut être réalisée ainsi.

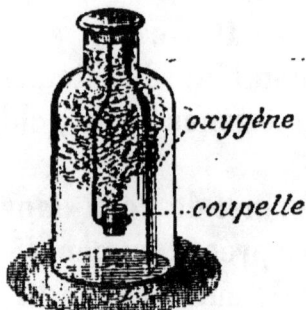

Fig. 17. — Combustion du soufre, du phosphore dans l'oxygène.

Un flacon rempli d'oxygène est fermé par un large disque de liège supportant par l'intermédiaire d'un fil de fer une petite coupelle en terre.

On place dans cette dernière ou du phosphore légèrement chauffé qui brûle avec une lumière éclatante et produit des vapeurs blanches d'anhydride phosphorique ou du soufre que l'on avait chauffé tout d'abord à l'air jusqu'à commencement d'incandescence : la flamme bleue qui accompagne sa combustion est beaucoup plus vive dans l'oxygène que dans l'air.

Dans un flacon plein d'oxygène, introduisons un charbon dont une petite partie seulement est allumée; la combustion se propage rapidement : tout le charbon devient incandescent.

C'est en raison du charbon qu'elle contient qu'une allumette présentant un point rouge se rallume instantanément

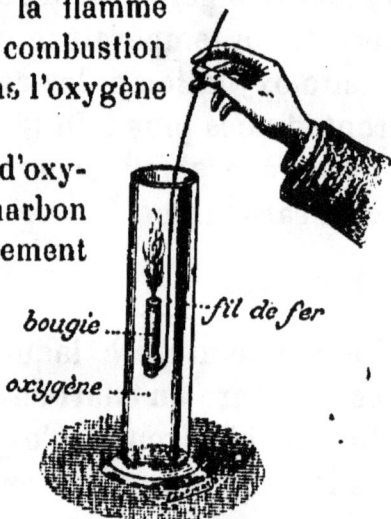

Fig. 18. — Combustion rapide d'une bougie dans l'oxygène.

quand on la plonge dans une éprouvette pleine d'oxygène. Pour la même cause une bougie imparfaitement éteinte se rallume dans l'oxygène, y brûle avec un vif éclat et se consume rapidement.

2° ACTION SUR LES MÉTAUX. — L'oxygène se combine à tous les métaux sauf l'or et le platine.

La température d'oxydation dépend essentiellement de l'état physique du métal; et elle est d'autant plus basse que le métal est plus divisé.

Plusieurs métaux (fer, nickel, etc.) en lames, en fils, ne brûlent que si on les porte au rouge; mais s'ils sont à un état très divisé (*métal réduit*, § 20), ils s'enflamment dès qu'on les projette dans l'air à la température ordinaire. Pour cette raison, ces métaux sont dits *pyrophoriques*.

La présence de l'eau facilite l'oxydation.

Beaucoup de métaux sont attaqués par l'oxygène humide ou par l'air humide dès la température ordinaire, et ils ne le sont par l'oxygène sec qu'à des températures plus ou moins hautes.

Ainsi le sodium, métal qui a l'éclat de l'argent, se ternit rapidement à l'air humide et se recouvre de soude NaOH. A l'air sec, il ne s'oxyde qu'au rouge et donne le bioxyde de sodium Na^2O^2.

Le mercure s'oxyde vers son point d'ébullition, soit 360°.

Le fer, le magnésium, le cuivre brûlent à la température du rouge en donnant respectivement l'oxyde salin de fer Fe^3O^4, l'oxyde de magnésium ou magnésie MgO, l'oxyde de cuivre CuO.

Un ressort en acier supporte un petit morceau d'amadou. On allume celui-ci, et on plonge le tout dans un flacon plein d'oxygène. La combustion de l'amadou, champignon desséché, dégage suffisamment de chaleur pour que le fer soit porté au rouge; il brûle à son tour et projette des étincelles. L'oxyde de fer formé est à une température telle qu'il fond et constitue des gouttelettes qui viennent s'incruster dans le verre du flacon. Une couche d'eau de faible épaisseur recouvre le fond du vase et en empêche la rupture.

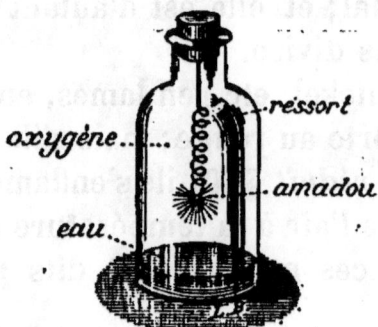

FIG. 19. — Combustion du fer dans l'oxygène.

L'expérience achevée, le flacon contient une poudre rougeâtre qui est l'oxyde salin Fe^3O^4.

On peut se servir d'un appareil semblable pour effectuer la combustion du magnésium qui est accompagnée d'une flamme blanche éblouissante.

3° ACTION SUR LES COMPOSÉS. — L'oxygène réagit sur un grand nombre de composés : son action sera étudiée avec chacun d'eux. On a déjà signalé (§ 42) sa réaction sur l'acide chlorhydrique.

64. Propriétés physiologiques. — L'oxygène est indispensable à la vie. Toutefois, ce gaz amène la mort des animaux supérieurs, quand sa pression atteint 4 atmosphères.

65. Applications. — L'oxygène est livré par l'industrie dans des tubes d'acier, qui le renferment à l'état gazeux, sous une pression de 120 atmosphères.

Il est employé :

1° En thérapeutique pour des inhalations dans les cas d'asphyxie, de paralysie ;

2° Pour faire disparaître les malaises dus aux faibles pressions (dans les ascensions en montagnes et en ballons à plus de 5.000 mètres) ;

3º A la fabrication de l'ozone ;

4º A l'obtention de hautes températures, destinées soit à fondre des métaux, soit à produire des lumières très brillantes. Le gaz qu'il brûle est, suivant les cas, le gaz d'éclairage, l'hydrogène (dans le chalumeau oxhydrique, § 21), l'acétylène (dans le chalumeau oxy-acétylène).

Ozone O^3

Poids moléculaire $= 3 \times 16 = 48$

66. Préparation ordinaire. — L'ozone se prépare en soumettant l'oxygène à l'action de l'*effluve électrique*, qui est la décharge électrique silencieuse et froide.

L'ozoniseur Berthelot, employé fréquemment dans les laboratoires, se compose de trois vases concentriques : le plus extérieur est une éprouvette remplie d'eau fortement acidulée par l'acide sulfurique, et dans laquelle plonge la plus grande partie du système des deux autres vases, — le moyen est un large tube de verre, fermé inférieurement et auquel sont soudés deux tubes de verre étroits, l'un vers le bas, l'autre vers le haut, — le vase intérieur contenant de l'eau acidulée par l'acide sulfurique, forme une sorte de bouchon à l'émeri au tube moyen ; de plus, il descend presque jusqu'au fond de ce dernier.

Deux fils de platine plongeant dans les deux masses

4

d'eau acidulée sont mis en relation avec les deux pôles d'une machine électrique.

L'oxygène arrive par le tube *a*, circule dans le vase moyen et sort par le tube *b*; sous l'influence de l'effluve qui se produit entre les deux masses d'acide, l'oxygène se transforme *partiellement* en ozone. C'est donc *un mélange des deux gaz* qui sort par le tube *b*. Plus la température à laquelle on effectue l'expérience est basse, et plus la teneur en ozone est forte : aussi doit-on refroidir l'appareil soit par le chlorure de méthyle liquide en ébullition à — 23°, soit par la neige carbonique

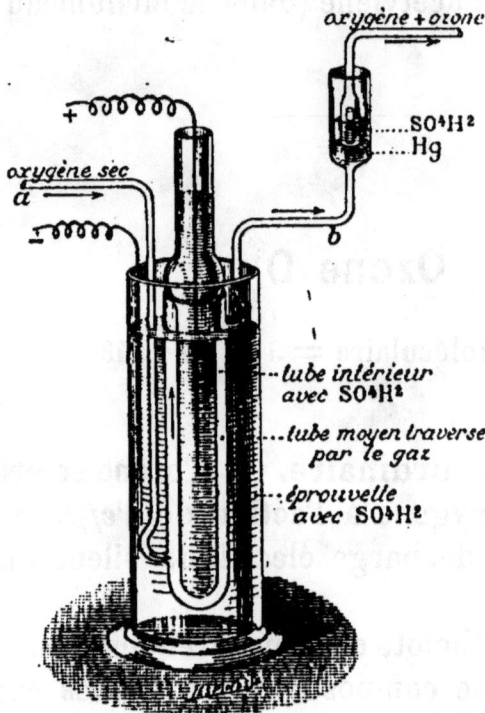

Fig. 20. — Préparation de l'ozone par l'action de l'effluve électrique sur l'oxygène.

qui donne une température encore plus basse. Il est indispensable que l'oxygène soumis à l'effluve soit parfaitement sec.

Les tubes dans lesquels circule l'*oxygène ozonisé* sont reliés les uns aux autres par des joints au mercure (recouvert lui-même d'une mince couche d'acide sulfurique; voir *fig.* 20); il faut éviter les joints en caoutchouc qui seraient rapidement détruits.

67. Modes de formation de l'ozone. — Une petite quantité d'ozone prend naissance :

1° Quand on fait passer une série d'étincelles électriques dans l'oxygène sec ;

2° Par l'oxydation lente du phosphore dans l'air humide à la température ordinaire ;

3° Dans la décomposition de l'eau par le fluor (§ 30) à la température de 0°.

68. Propriétés. — L'ozone est de l'*oxygène condensé ou polymérisé* : 3 atomes d'oxygène O s'unissant entre eux pour former une molécule d'ozone

$$\begin{matrix} O \\ | \\ O \end{matrix}\!\!\!\searrow\!\!\!O.$$

Cette molécule se détruit facilement par une température supérieure à 100°, et à froid en présence de certains corps.

$$O^3 = O^2 + O.$$

2 atomes d'oxygène constituent 1 molécule d'oxygène ordinaire O^2, et le troisième atome d'oxygène se fixe sur la substance oxydable.

Le tableau suivant montre combien les propriétés de l'ozone sont différentes de celles de l'oxygène.

OXYGÈNE OZONISÉ	OXYGÈNE
Gaz bleuâtre.	Gaz incolore.
Liquéfié à — 119° sous forme d'un liquide bleu foncé.	Liquéfié à — 183° sous forme d'un liquide incolore.
Doué d'une odeur pénétrante et désagréable.	Inodore.

Oxyde l'iode, le mercure à la température ordinaire.

N'oxyde pas l'iode; oxyde le mercure à 360°.

Noircit l'argent en l'oxydant.

N'oxyde pas l'argent.

Décompose une solution d'iodure de potassium

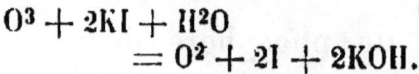

Ne décompose pas l'iodure de potassium.

$$O^3 + 2KI + H^2O$$
$$= O^2 + 2I + 2KOH.$$

L'iode mis en liberté colorera en bleu l'amidon (§ 55). De là l'emploi d'un papier amidonné imprégné d'une solution d'iodure de potassium pour déceler la présence de l'ozone.

Décolore l'indigo.

Ajoutons que l'ozone brûle beaucoup de matières organiques : c'est la raison pour laquelle on évite d'employer le liège et le caoutchouc dans les appareils à ozone. On utilise les rodages à l'émeri ou les joints à mercure, celui-ci étant lui-même recouvert par une couche protectrice d'acide sulfurique (*fig.* 20).

69. Applications. — L'ozone est employé pour stériliser les eaux destinées à l'alimentation et pour purifier les alcools.

Combinaisons de l'oxygène et de l'hydrogène

70. L'oxygène forme avec l'hydrogène deux combinaisons :

l'eau ou protoxyde d'hydrogène........ H^2O
l'eau oxygénée ou bioxyde d'hydrogène. H^2O^2.

Eau H^2O

Poids moléculaire $= 18 \begin{bmatrix} 2H = 2 \\ O = 16 \end{bmatrix}$

71. État naturel. — L'eau existe dans la nature sous les trois états physiques. Elle est à l'état de vapeur dans l'atmosphère.

A l'état liquide, et tenant en dissolution un certain nombre de substances, elle forme les mers, les rivières, les sources, les pluies.

A l'état solide, elle constitue la glace existant en tout temps sur les montagnes élevées et dans les régions polaires.

72. Préparation de l'eau pure. — On obtient l'eau pure en *distillant* une eau naturelle, c'est-à-dire en la faisant bouillir et en recueillant les vapeurs dans un vase refroidi, où elles reprennent l'état liquide (*condensation*). Les substances qui étaient dissoutes dans l'eau naturelle ne distillent pas.

a) L'appareil distillatoire le plus simple est un ballon en verre que l'on chauffe doucement.

La vapeur se condense dans un *réfrigérant*, et le liquide formé coule dans un vase V.

On peut employer comme réfrigérant un manchon en verre ou en métal dans lequel circule un courant d'eau froide.

b) Pour distiller de grandes quantités d'eau, on se sert d'un *alambic*. C'est une chaudière en cuivre dont le chapiteau communique par un tube avec un autre

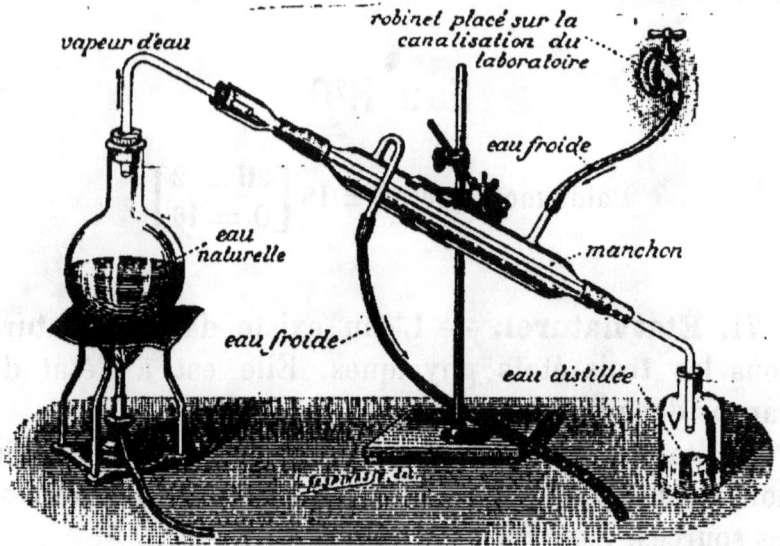

vapeur d'eau

robinet placé sur la
canalisation du
laboratoire

eau froide

eau
naturelle

manchon

eau froide

eau distillée

FIG. 21. — Distillation de l'eau dans un appareil en verre.

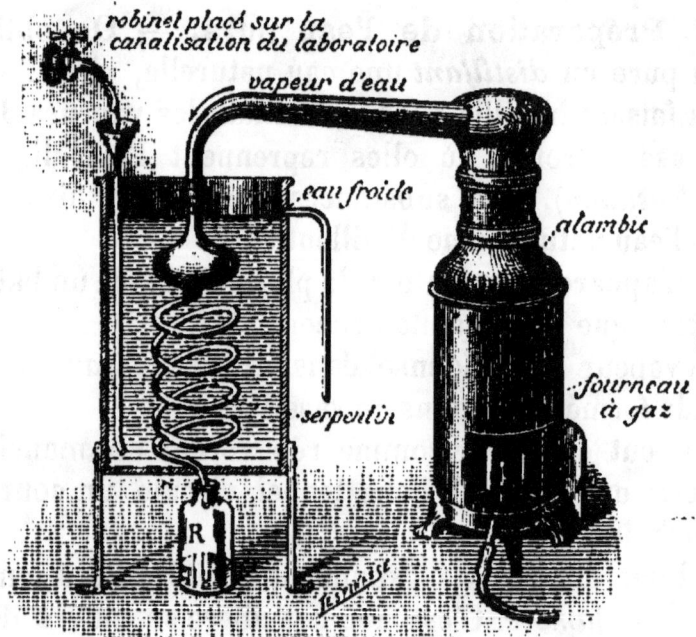

robinet placé sur la
canalisation du laboratoire

vapeur d'eau

eau froide

alambic

serpentin

fourneau
à gaz

FIG. 22. — Distillation de l'eau dans un alambic en cuivre.

tube métallique contourné en hélice et que l'on appelle *serpentin*, celui-ci est plongé dans un vase où circule de l'eau froide.

La vapeur d'eau formée dans la chaudière, se condense dans le serpentin, et le liquide est recueilli dans un récipient R.

Pour que l'eau distillée soit tout à fait pure, il faut rejeter le premier quart de l'eau qui distille : celui-ci

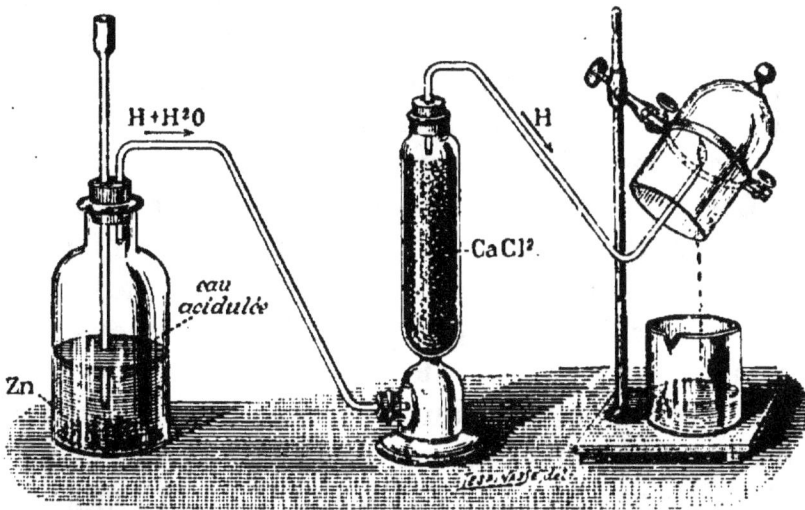

Fig. 23. — Formation d'eau par la combustion de l'hydrogène dans l'air.

renferme en effet des matières ammoniacales et les composés organiques volatils contenus parfois dans l'eau naturelle ; en outre, on doit arrêter la distillation avant que le dernier quart du liquide se soit vaporisé.

L'eau *distillée pure* est limpide, inodore, et ne laisse aucun résidu quand on l'évapore dans une capsule de platine.

73. Formation. — L'eau se forme par l'union directe de l'hydrogène et de l'oxygène, sous l'influence de la chaleur, de l'étincelle électrique, de la mousse de platine (§ 17). Cette *synthèse* de l'eau peut être réalisée de la manière suivante.

L'hydrogène qui se dégage d'un appareil ordinaire (§ 11) traverse une éprouvette à pied remplie de chlorure de calcium qui lui enlève toute humidité. Le gaz *sec* s'échappe ensuite dans l'air par un tube dont l'extrémité est effilée.

Quand l'air est complètement chassé de l'appareil, on enflamme le jet d'hydrogène, et on le couvre d'une cloche de verre bien sèche. On voit bientôt des gouttelettes d'eau ruisseler sur les parois et tomber dans un vase destiné à les recueillir (*fig.* 23).

L'eau prend encore naissance dans un grand nombre de réactions, notamment dans les combustions par l'oxygène ou par l'oxyde de cuivre de substances hydrogénées (acide chlorhydrique HCl, ammoniaque AzH^3, composés organiques, etc.).

74. Composition en volumes de la vapeur d'eau. — La composition en volumes de l'eau est établie, soit par l'analyse de l'eau, soit par la synthèse de ce corps.

a) On fait l'analyse de l'eau en décomposant par un courant électrique l'eau faiblement acidulée au moyen de l'acide sulfurique.

L'opération s'effectue dans un voltamètre à électrodes de platine (§ 13, *a*): Au pôle négatif, on recueille 2 volumes d'hydrogène, et au pôle positif 1 volume d'oxygène.

b) On effectue la synthèse de l'eau en déterminant la combinaison de volumes exactement connus d'hydrogène et d'oxygène au moyen de l'étincelle électrique dans l'eudiomètre (§ 17). Cet appareil étant tout d'abord rempli de mercure, on y introduit successivement 10 centimètres cubes d'oxygène et 10 centimètres cubes d'hydrogène mesurés sous la pression atmosphérique. On fait jaillir l'étincelle électrique : de la vapeur d'eau se forme, puis se *condense* et n'occupe plus à l'*état liquide* qu'un volume *extrêmement petit*. Le mercure monte pour occuper la place des gaz disparus, toutefois, il ne s'élève pas jusqu'au sommet de l'eudiomètre. Il y a un résidu gazeux constitué exclusivement par de l'oxygène et mesurant 5 centimètres cubes sous la pression atmosphérique. Ainsi 10 centimètres cubes d'hydrogène et 5 centimètres cubes d'oxygène se combinent pour former de l'eau, soit 2 volumes du premier gaz pour 1 volume du second.

Avec ce dispositif, on ne connaît pas le volume occupé p. .a vapeur d'eau, parce que celle-ci se condense.

Pour le déterminer, on introduit exactement 2 volumes d'hydrogène et 1 volume d'oxygène dans l'eudiomètre, et on entoure celui-ci d'un manchon où circule la vapeur d'un corps bouillant un peu au-dessus de 100°. On fait jaillir l'étincelle : la vapeur d'eau produite ne se condense pas et occupe 2 volumes.

En résumé, *2 volumes d'hydrogène s'unissent à 1 volume d'oxygène pour former 2 volumes de vapeur d'eau :* tous ces volumes étant mesurés à la même température et à la même pression.

75. Composition en poids. — La méthode employée pour établir la composition en poids de l'eau consiste à réduire l'oxyde de cuivre par l'hydrogène (§ 20).

$$CuO + 2H = H^2O + Cu.$$

En pesant l'oxyde de cuivre soumis à la réduction

et le cuivre res-
tant, on a le poids
de l'oxygène qui
entre dans l'eau
formée. On pèse
celle-ci, et par
différence, on
obtient le poids
de l'hydrogène
qui fait partie de
l'eau.

Il importe que
l'hydrogène soit
absolument pur;
on l'obtient à cet
état en le faisant
passer dans une
série de tubes en
U (non repré-
sentés sur la
figure 24) con-
tenant des sub-
stances (azotate
de plomb, sulfate
d'argent, etc.)
destinées à absor-
ber les gaz qui
accompagnent
l'hydrogène (no-
tamment l'hy-
drogène sulfuré,
l'hydrogène ar-
sénié).

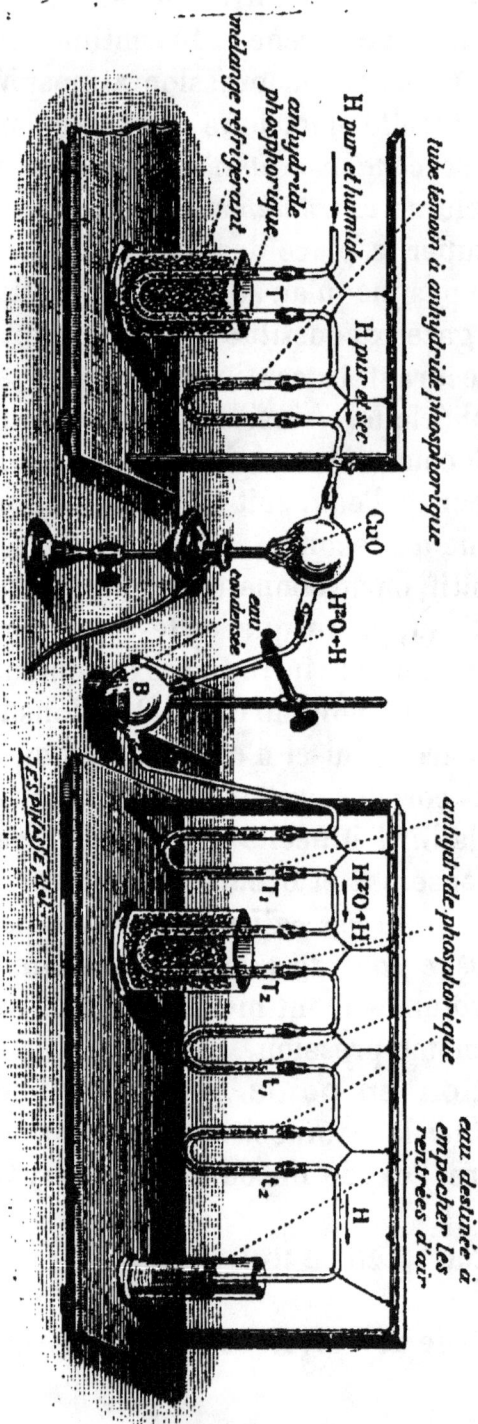

Fig. 24. — Synthèse de l'eau en poids.

L'hydrogène traverse ensuite des tubes en **U** remplis d'anhydride phosphorique qui retiennent la vapeur d'eau; l'un de ces tubes T est entouré d'un mélange réfrigérant de manière à rendre l'absorption de l'eau plus complète.

Enfin, un tube *témoin*, renfermant aussi de l'anhydride phosphorique, pesé avant et après l'expérience, ne devait pas changer de poids, ce qui indiquait que l'hydrogène s'était parfaitement desséché dans les tubes précédents.

L'hydrogène *pur* et *sec*, se rend dans un ballon contenant de l'oxyde de cuivre bien sec que l'on chauffe, après que l'air a été chassé de tout l'appareil.

Le courant d'hydrogène entraîne la vapeur d'eau formée : la plus grande partie de celle-ci se condense dans le ballon B, et le reste est absorbé par plusieurs tubes en **U** pleins d'anhydride phosphorique, l'un d'eux T_2 étant refroidi au-dessous de $0°$. Le tube témoin t_1 contenant aussi de l'anhydride phosphorique indiquait par l'invariabilité de son poids que toute l'eau avait été retenue dans les tubes T_1 et T_2.

L'augmentation de poids du ballon B et des tubes T_1 et T_2 donne la quantité d'eau produite.

On trouve que 18 grammes d'eau résultent de la combinaison de 2 grammes d'hydrogène et de 16 grammes d'oxygène.

76. L'expérience précédente établit que l'eau contient des poids d'oxygène et d'hydrogène qui sont dans le rapport $\frac{16}{2}$ ou $\frac{8}{1}$.

Ce résultat peut être déduit de la composition en volumes.

On a vu (§ 74) que 2 litres d'hydrogène s'unissent à 1 litre d'oxygène pour former de l'eau.

Or (§ 15),

1 litre d'hydrogène pèse $0,069 \times 1^{gr},293 = 0^{gr},089$
et 2 litres d'hydrogène pèsent $0^{gr},089 \times 2 = 0^{gr},178,$

et (§ 62),

1 litre d'oxygène pèse $1,105 \times 1^{gr},293 = 1^{gr},429.$

$$\frac{\text{Poids de 1 litre d'oxygène}}{\text{Poids de 2 litres d'hydrogène}} = \frac{1^{gr},429}{0^{gr},178} = \overline{8,02.}$$

77. Application. — *Combien de litres d'hydrogène et d'oxygène faut-il prendre à 0° et à 760 millimètres pour former un litre d'eau à 4°.*

On sait que 1 litre d'eau pèse 1.000 grammes.

18 grammes d'eau contiennent 2 grammes d'hydrogène et 1.000 grammes :

$$\frac{2 \times 1.000}{18} = 111^{gr},11.$$

Comme $0^{gr},089$ est le poids de 1 litre d'hydrogène, $111^{gr},11$ sont le poids de 1.248 litres de ce gaz.

18 grammes d'eau contiennent 16 grammes d'oxygène et 1.000 grammes :

$$\frac{16 \times 1.000}{18} = 888^{gr},88.$$

1 litre d'oxygène pesant $1^{gr},429$; $888^{gr},88$ sont le poids de 624 litres de ce gaz.

Il faut donc :

$$1.248 + 624 = 1.872 \text{ litres}$$

du mélange d'hydrogène et d'oxygène pour faire 1 litre d'eau.

78. Propriétés physiques. — L'eau solide se présente sous forme de glace ou de neige.

La glace est transparente, quand elle est pure ; elle est opaque quand elle renferme de nombreuses petites bulles d'air ou bien quand elle contient certaines substances étrangères.

Son point de fusion a été choisi comme zéro du thermomètre centigrade.

L'eau augmente de volume en se solidifiant : dès lors, la formation de la glace détermine la rupture des vases qui sont remplis d'eau liquide : 920 centimètres cubes d'eau liquide à 0° donnent en se congelant 1.000 centimètres cubes ou 1 litre de glace.

L'eau possède à + 4° un maximum de densité, lequel a été pris pour unité. La densité décroît donc au-dessus et au-dessous de cette température.

Densité de l'eau liquide à + 4° = 1
Densité de l'eau liquide à 0° = 0,9998,
Densité de la glace à 0° = 0,920 :

ainsi la *glace est plus légère que l'eau liquide.*

Le point d'ébullition de l'eau sous la pression de 760 millimètres a été choisi comme point 100 du thermomètre centigrade.

La densité de la vapeur est par rapport à l'air 0,623. 1 kilogramme d'eau qui occupe à + 4° le volume de 1 litre prend à l'état de vapeur à 100° un volume de 1.700 litres.

79. Action de l'électricité. — L'eau pure, ne conduisant pas le courant électrique, ne s'électrolyse que très faiblement. Il n'en est plus de même, si l'eau est additionnée d'une petite quantité d'acide sulfurique, ou d'acide phosphorique, de potasse ou de soude. On obtient au pôle positif de l'oxygène et au pôle négatif de l'hydrogène. Cette décomposition par le courant électrique des solutions étendues de soude est utilisée comme préparation de l'hydrogène et de l'oxygène (§ 13 et 59). On appelle *gaz tonnant* le mélange des gaz provenant de l'électrolyse de l'eau, et recueillis dans le même récipient : ils sont dans la proportion de 2 volumes d'hydrogène pour 1 volume d'oxygène.

80. Propriétés chimiques. — 1° Action sur les métalloïdes. — Le fluor est le seul métalloïde qui décompose l'eau très rapidement à froid : il en résulte de l'acide fluorhydrique et de l'oxygène ozonisé (§ 30 et 67).

Le chlore ne la décompose que lentement aux températures ordinaires sous l'influence de la lumière, mais il l'attaque rapidement au rouge (§ 34).

L'eau réagit sur le phosphore à 250°, et sur le charbon au rouge.

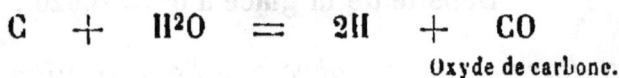

$$C + H^2O = 2H + CO$$

Oxyde de carbone.

Ce mélange d'hydrogène et d'oxyde de carbone est employé industriellement sous le nom de *gaz à l'eau.*

2° Action sur les métaux. — L'eau est décomposée aux températures ordinaires par le potassium, le sodium.

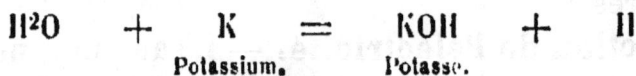

$$H^2O + K = KOH + H$$

Potassium. Potasse.

$$H^2O + Na = NaOH + H$$

Sodium. Soude.

La réaction dégage beaucoup de chaleur, et amène l'inflammation de l'hydrogène qui brûle au contact de l'air.

La décomposition de l'eau pure est produite par le magnésium à 70°, par le fer au rouge (§ 14).

3. ACTION SUR LES CORPS COMPOSÉS. — L'eau réagit soit à froid, soit à chaud sur un grand nombre de composés, comme on le verra par la suite.

Eaux potables. — Voir (§ 297).

Eau oxygénée $H^2 O^2$

$$\text{Poids moléculaire} = 34 \begin{bmatrix} 2H = 2 \\ 2O = 32 \end{bmatrix}$$

81. Préparation. — L'eau oxygénée ou *bioxyde d'hydrogène* se prépare en traitant le *bioxyde de baryum* par un acide convenablement choisi, l'acide fluorhydrique, l'acide phosphorique ou l'acide chlorhydrique.

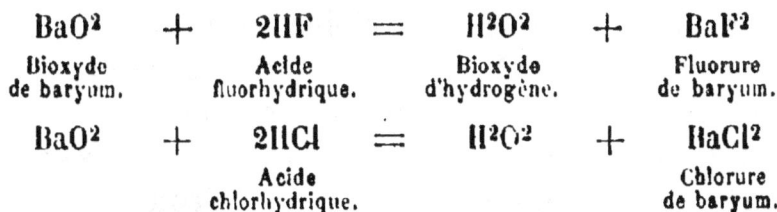

$$BaO^2 \quad + \quad 2HF \quad = \quad H^2O^2 \quad + \quad BaF^2$$

| Bioxyde de baryum. | Acide fluorhydrique. | Bioxyde d'hydrogène. | Fluorure de baryum. |

$$BaO^2 \quad + \quad 2HCl \quad = \quad H^2O^2 \quad + \quad BaCl^2$$

| | Acide chlorhydrique. | | Chlorure de baryum. |

On opère entre 0° et + 10°. Les acides fluorhydrique et phosphorique ont l'avantage de donner des sels de baryum insolubles, ce qui permet d'obtenir par simple filtration *une solution d'eau oxygénée* dégageant 8 à 12 fois son volume d'oxygène.

On *obtient* le bioxyde d'hydrogène *pur* en soumettant une solution étendue d'eau oxygénée soit à la congélation soit à l'évaporation au bain-marie, ou encore en la distillant sous pression réduite.

82. Propriétés physiques. — Le bioxyde d'hydrogène pur se présente sous la forme d'un liquide incolore, sirupeux, plus dense que l'eau (sa densité est 1,46) et produisant sur la peau une tache blanche qui né disparaît qu'au bout de quelques heures.

Il est soluble dans l'eau, l'alcool et l'éther ordinaire ; il n'est pas solidifié à — 30°.

Action de la chaleur et de la lumière. — Le bioxyde d'hydrogène est un corps instable. qui se détruit facilement en eau et oxygène *avec dégayement de chaleur.*

$$H^2O^2 = H^2O + O.$$

La décomposition est lente à la température ordinaire et à l'obscurité ; elle est plus rapide quand on chauffe ou par l'effet de la lumière.

83. Propriétés chimiques. — L'eau oxygénée se décompose au contact de corps poreux, sans que ceux-ci se modifient.

Dans une cloche graduée pleine de mercure, introduisons par exemple 1 centimètre cube d'eau oxygénée, puis un fragment de bioxyde de manganèse ; aussitôt le liquide se décompose, et on lit le volume de l'oxygène dégagé. Les solutions commerciales d'eau oxygénée dégagent 8 à 12 fois leur volume d'oxygène, on dit qu'elles sont à 8-12 volumes.

La mousse de platine, l'or ou l'argent divisé, le charbon en poudre agissent comme le bioxyde de manganèse.

L'eau oxygénée se décompose encore au contact de corps qu'elle oxyde. Ainsi, elle transforme le sulfure de plomb PbS, corps noir, en sulfate SO^4Pb qui est blanc ; elle change l'anhydride sulfureux SO^2 en acide sulfurique SO^4H^2.

Une solution jaune d'acide chromique devient bleue en présence de traces d'eau oxygénée : l'acide perchromique formé est enlevé par l'éther qui le dissout mieux que l'eau et se colore aussi en bleu.

Le bioxyde d'hydrogène décolore une solution étendue de permanganate de potassium acidulée par l'acide sulfurique.

84. Applications. — L'eau oxygénée est employée en solutions étendues : 1° pour décolorer les sirops de sucre, pour blanchir la laine, la soie, les plumes d'autruche, l'ivoire, les os, pour changer la couleur des cheveux.

2° commme antiseptique pour le lavage des plaies.

Elle arrête les fermentations, et l'addition d'une très petite quantité d'eau oxygénée permet la conservation du lait pendant plusieurs heures. Elle est utilisée comme eau dentifrice.

3° On s'en sert pour nettoyer les peintures à la céruse. Ce dernier corps est un carbonate de plomb qui parfois noircit en se transformant en sulfure de plomb. L'eau oxygénée le fait passer à l'état de sulfate qui est blanc, comme le carbonate primitif.

CHAPITRE V

Soufre et ses composés

Soufre S

Poids atomique = 32

85. État naturel. — Le soufre existe :

1° A l'état libre dans les régions volcaniques, particulièrement en Sicile et aux environs du Vésuve. Certains de ces dépôts de soufre sont désignés sous le nom de *solfatares;*

2° A l'état de *sulfures métalliques* dont les plus importants sont le bisulfure de fer ou pyrite jaune, le sulfure de zinc ou blende, le sulfure de plomb ou galène, les sulfures de cuivre, d'antimoine, de mercure;

3° A l'état de *sulfates métalliques :* les deux principaux sont le sulfate de calcium ou gypse et le sulfate de baryum.

86. Préparations. — Le soufre libre est mélangé dans ses gisements à du calcaire, du gypse, de l'argile.

La contenance de ce minerai en soufre est variable : on ne traite guère que celui qui en renferme de 10 à 50 0/0.

Deux méthodes sont employées : 1° méthode de fusion; 2° méthode de distillation.

I. Méthode de fusion. — *a) Principe.* — Le soufre
fondant vers 113°, et les matières qui l'accompagnent
étant infusibles, il suffit de porter le minerai à cette
température : le soufre fond et se sépare des autres
corps.

La chaleur nécessaire pour amener la fusion du
soufre est fournie par la combustion d'une partie de ce
corps dans le procédé des *calcaroni*, ou bien par de la
vapeur d'eau sous pression.

b) Procédé des calcaroni. — Sur une sole inclinée, on
dispose le minerai sous forme d'une meule que l'on
recouvre de terre; des cheminées la traversent, elles
contiennent des menues branches que l'on enflamme.
Une partie du soufre brûle et se convertit en acide sulfureux. La chaleur dégagée par cette combustion détermine la fusion de l'autre partie du soufre qui s'écoule
dans un récipient placé au bas de la meule.

Le rendement est mauvais, puisque le soufre sert
lui-même de combustible; on estime à un tiers de son
poids la quantité de ce corps qui est brûlé. Le soufre
ainsi obtenu contient des matières terreuses qu'il a
entraînées. Enfin, un autre inconvénient du procédé est
le dégagement dans l'atmosphère du gaz acide sulfureux.

c) Procédé par chauffage à la vapeur d'eau. — Le
minerai est contenu dans un cylindre renfermé lui-
même dans une enveloppe où arrive de la vapeur
d'eau sous une pression de 3 à 4 atmosphères. La température étant de 130°, le soufre fond et coule dans un
récipient inférieur.

Le rendement est bon, et il n'y a pas de dégagement
d'acide sulfureux.

II. Méthode de distillation. — Le soufre distillant

à 444°, et les matières qui l'accompagnent n'étant pas
volatiles, on porte le minerai à cette température : le
soufre s'en dégage à l'état de vapeur.

Le minerai est placé dans des vases en terre ran-
gés dans un fourneau très allongé : chacun d'eux communique avec un récipient semblable placé hors du
fourneau, et c'est là que viennent se condenser les
vapeurs de soufre (*fig.* 25).

87. Raffinage du soufre. — Le soufre brut est im-

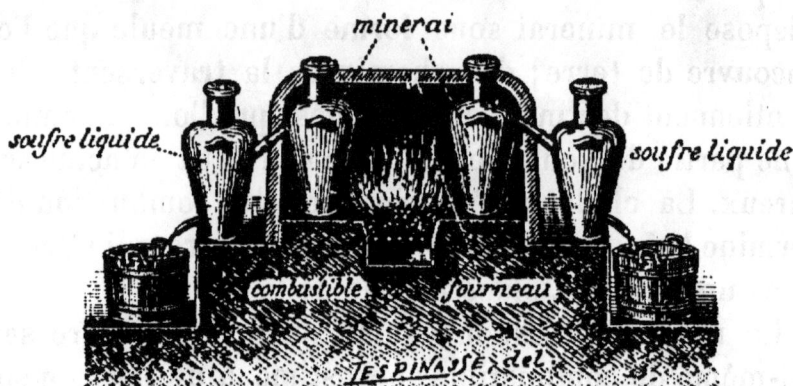

Fig. 25. — Extraction du soufre par distillation.

pur, surtout celui qui est obtenu par le procédé des
calcaroni ; aussi doit-on lui faire subir une distillation
que l'on désigne sous le nom de raffinage. Le soufre
brut est fondu dans une chaudière, il en sort par un
tube T et coule dans une cornue de fonte chauffée au
rouge naissant.

Le soufre s'y réduit en vapeurs qui viennent se
condenser dans une chambre en maçonnerie ayant
quelques centaines de mètres cubes de capacité (*fig.* 26).

Si la distillation s'effectue lentement et si la chambre
est très spacieuse (500 mètres cubes et plus) les parois

en restent froides, la vapeur se condense à l'état
solide, et en raison de la grande quantité d'air inter-

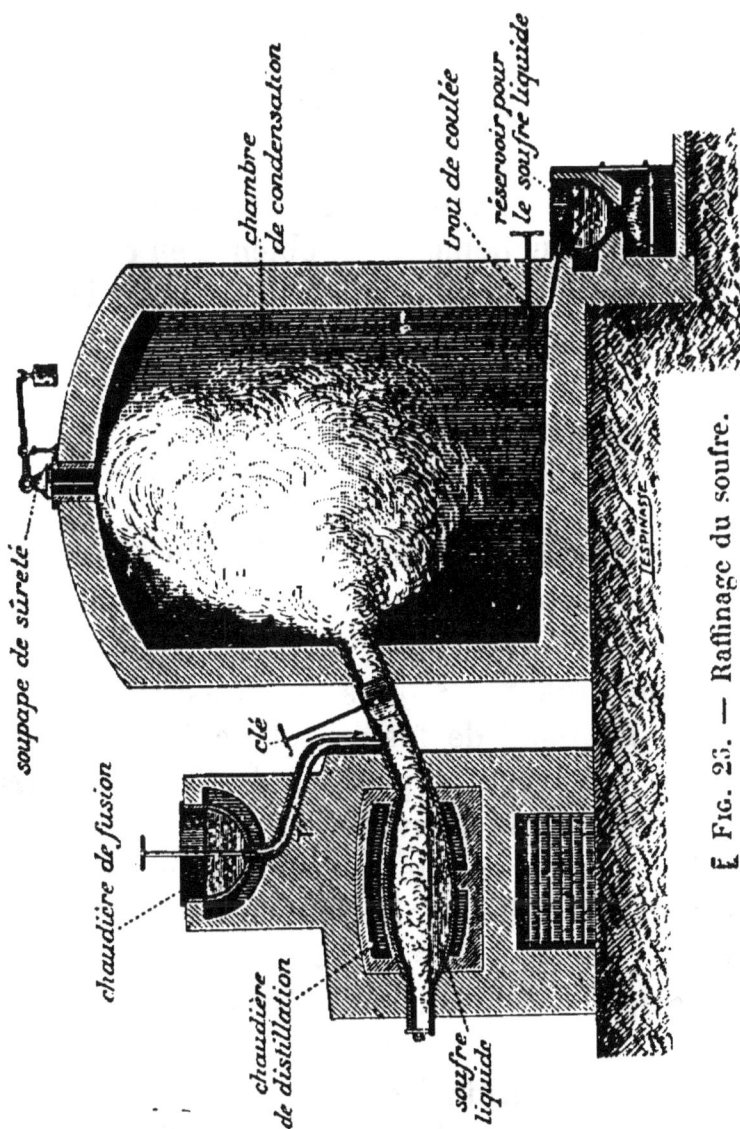

chambre de condensation

trou de coulée

réservoir pour le soufre liquide

soupape de sûreté

chaudière de fusion

clé

chaudière de distillation

soufre liquide

Fig. 25. — Raffinage du soufre.

posé, elle forme un corps pulvérulent : la *fleur de soufre.*
Quand on conduit la distillation plus rapidement, les
parois de la chambre s'échauffent à plus de 113° et les

5.

vapeurs de soufre se condensent à l'état liquide. Si l'on a soin d'autre part, que ces parois ne s'échauffent pas trop, le soufre liquide reste assez mobile pour pouvoir couler par un orifice que l'on débouche de temps à autre. Il est reçu dans des moules en bois plongés dans l'eau, et il s'y solidifie : c'est *le soufre en canons*.

88. Sources diverses du soufre. — Une partie du soufre utilisé actuellement est obtenue en chauffant à la température du rouge et à l'abri de l'air le *bisulfure de fer* ou pyrite jaune.

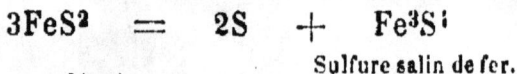

$$3FeS^2 = 2S + Fe^3S^4$$
Sulfure salin de fer.

Les industries de la soude (§ 261) et du gaz d'éclairage fournissent également une certaine quantité de soufre.

89. Propriétés physiques. — Constantes physiques. — Le point de fusion est de 113°, le point d'ébullition 444° sous la pression de 760 millimètres. La densité à 0° est de 2 environ.

Examinons les propriétés physiques du soufre successivement sous les trois états solide, liquide, et gazeux.

État solide. — Il y a lieu de distinguer les variétés suivantes :

Soufre amorphe ordinaire;

Soufre amorphe insoluble dans le sulfure de carbone;

Soufre octaédrique;

Soufre prismatique.

a) Soufre amorphe ordinaire. C'est un corps jaune-citron, cassant. Il est mauvais conducteur de l'électricité, d'où la possibilité de l'électriser par le frottement. Il est mauvais conducteur de la chaleur, de là, les craquements que l'on entend quand un bâton de soufre est serré dans la main ou plongé dans l'eau chaude.

Insoluble dans l'eau ; un peu soluble dans la benzine presque bouillante, beaucoup plus dans le chlorure de soufre, et *surtout dans le sulfure de carbone*. Une solution saturée de soufre dans le sulfure de carbone bout à 55° et contient 181 grammes de soufre pour 100 grammes du dissolvant.

b) Soufre amorphe insoluble dans le sulfure de carbone. — C'est une poudre jaune très pâle totalement insoluble dans le sulfure de carbone. Il se transforme en soufre soluble soit lentement à la température ordinaire, soit rapidement vers-100° ; en même temps, il y a un dégagement très notable de chaleur.

Ces deux variétés amorphes de soufre se trouvent très fréquemment mélangées, avec prédominance de l'une ou de l'autre suivant les cas.

Dans la fleur de soufre, c'est la modification soluble qui est en très grande quantité (75 à 90 0/0). Au contraire, la modification insoluble domine dans le *soufre mou*.

Pour obtenir celui-ci, on chauffe du soufre entre 240° et 300°, puis on le coule en filet mince et continu dans une grande quantité d'eau froide. Le soufre se solidifie sous forme d'une matière brune, molle, élastique, s'étirant en fils. Cet état n'est pas stable, et en quelques heures le soufre devient dur et cassant.

Le soufre mou contient souvent 50 à 60 0/0 de la variété insoluble dans le sulfure de carbone. Un épui-

sement du soufr₃ mou‘ par ce liquide permet de séparer
les deux modifications.

c) *Soufre octaédrique.* — Le soufre octaédrique
est formé par des cristaux volumineux limités par
huit facettes triangulaires et que l'on appelle des
octaèdres (*fig.* 27).

Ces cristaux se rencontrent dans les gisements naturels de soufre et on les obtient par évaporation à froid
des solutions de soufre
dans le sulfure de car-
bone ou dans la ben-
zine.

d) *Soufre prisma-
tique.* — Le soufre
prismatique se pré-
sente sous forme d'ai-
guilles transparentes
ayant une densité un
peu inférieure à celle
des octaèdres. On les

octaèdre dont
la pointe est
abattue.

octaèdre com-
plet.

FIG. 27. —· Soufre en octaèdres.

obtient par refroidissement du soufre préalablement
fondu. La fusion de ce corps s'effectue dans un creuset
en terre ou dans un ballon en verre : le contenu liquide
est versé soit dans une capsule en verre mince soit
dans un cornet en papier ordinaire placé dans un
entonnoir. Sa solidification se fait de dehors en dedans.
Au bout de quelques minutes, on perce la croûte supérieure en deux points pour faire écouler le soufre resté
liquide au centre, puis on enlève la croûte. On met
ainsi à nu de longues aiguilles flexibles, qui se seraient
enchevêtrées les unes dans les autres si on avait laissé
s'opérer la solidification totale (*fig.* 28).

Le soufre prismatique est un état instable, car, au

bout de quelques jours, il se transforme en une masse d'octaèdres microscopiques opaques.

Le soufre est appelé un corps *dimorphe*, parce qu'il se présente sous deux formes cristallines différentes.

90. État liquide. — Le soufre fond à 113° en un liquide ressemblant à de l'huile d'olive tant par la couleur jaune clair que par la mobilité. La température s'élevant, le liquide brunit et s'épaissit : il acquiert son

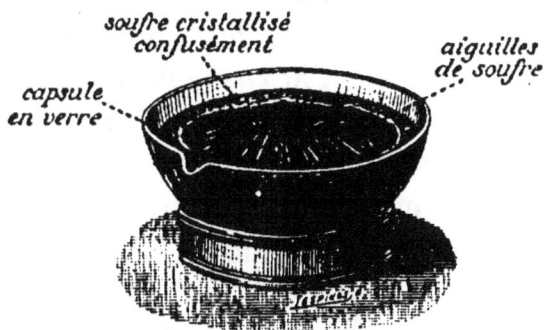

Fig. 28. — Soufre prismatique.

maximum de viscosité vers 220°, et ne s'écoule pas du vase qui le contient. A des températures supérieures, le soufre redevient un peu plus fluide, tout en conservant sa teinte brune.

Par refroidissement, le soufre liquide repasse par les mêmes états, seulement son point de solidification n'est pas exactement égal au point de fusion, il varie entre 112° et 117° suivant la température à laquelle le corps a été porté. — Celle-ci a également une influence sur l'état que prend le soufre fondu au contact de l'eau froide. Si l'on verse dans ce liquide du soufre chauffé entre 113° et 140°, il devient jaune, dur, cassant. Si l'on projette dans l'eau du soufre chauffé au-dessus de 220°, il forme une matière brune, élastique qui est le *soufre mou*.

État gazeux. — Vers 444°, température à laquelle le soufre distille, ses vapeurs ont une teinte rouge et sont très denses. A 1.000° ses vapeurs sont jaunes et beaucoup plus légères; leur densité par rapport à l'air est de 2,2.

91. Propriétés chimiques. — 1° ACTION SUR LES MÉTALLOÏDES. — Le soufre se combine directement à tous les métalloïdes, sauf à l'azote.

Il réagit sur le fluor dès la température ordinaire pour donner un gaz : l'*hexafluorure de soufre* SF^6; il s'unit au chlore et produit le *chlorure de soufre* S^{2}Cl^2, liquide jaune-rougeâtre qui est un bon dissolvant du soufre.

Il s'enflamme dans l'oxygène vers 280° et dans l'air atmosphérique vers 360°.

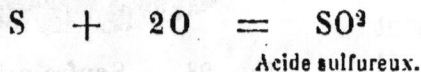

$$S \quad + \quad 2O \quad = \quad SO^2$$
Acide sulfureux.

Mais la combustion lente se produit dès 100° et, au bout de quelques heures, elle a donné lieu à une notable quantité d'acide sulfureux. Le soufre réagit vivement sur le phosphore à des températures peu élevées (§ 189) et sur le carbone au rouge vif en produisant du sulfure de carbone CS^2.

2° ACTION SUR LES MÉTAUX. — Les vapeurs de soufre réagissent sur tous les métaux sauf l'or et le platine et les transforment en *sulfures*. La présence de l'eau provoque la réaction à des températures peu élevées entre le soufre et la limaille de fer, et la chaleur dégagée peut déterminer la vaporisation de l'eau.

3° ACTION SUR LES COMPOSÉS OXYGÉNÉS. — Le soufre est un réducteur : il enlève de l'oxygène à l'acide sulfurique

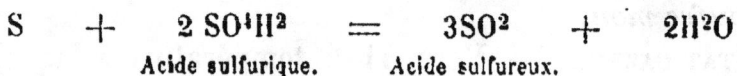

$$S \quad + \quad 2 SO^4H^2 \quad = \quad 3SO^2 \quad + \quad 2H^2O$$
Acide sulfurique.   Acide sulfureux.

et à l'acide azotique.

92. Applications. — Le soufre se prête à de nombreuses applications.

Fabrication des acides sulfureux et sulfurique, du sulfure de carbone, des allumettes, de la poudre noire.

Vulcanisation du caoutchouc, dans le but de lui donner de l'élasticité dans des limites de température très étendues (le caoutchouc vulcanisé contient 2 0/0 de soufre); préparation de plusieurs isolants électriques, notamment de l'ébonite, matière dure, noire, mélange de soufre et de caoutchouc, et qui est susceptible d'être travaillée comme le bois. Le soufre s'emploie dans le traitement des maladies de la peau (il est incorporé dans des pommades avec de la vaseline, substance retirée des pétroles bruts).

La fleur de soufre est répandue sur la vigne pour la préserver d'un champignon : l'oïdium.

Hydrogène sulfuré
ou acide sulfhydrique H^2S

$$\text{Poids moléculaire} = 34 \begin{bmatrix} 2H = 2 \\ S = 32 \end{bmatrix}$$

93. État naturel. — L'hydrogène sulfuré existe :
1° à l'état libre dans certaines fumerolles volcaniques;
2° en dissolution dans les eaux dites *sulfureuses*, auxquelles il donne une odeur désagréable (Bagnères, Cauterets, Eaux-Bonnes, Barèges, Ax, toutes sources situées sur le versant nord des Pyrénées ; — Enghien, Allevard, etc.

Une source importante de ce corps est constituée par les sulfures métalliques, mentionnés à l'étude du soufre (§ 85).

94. Préparations. — Un grand nombre de sulfures dégagent de l'hydrogène sulfuré quand on les traite par l'acide chlorhydrique ou l'acide sulfurique à des températures peu élevées.

I. Préparation ordinaire. — On fait agir le monosulfure de fer sur l'acide chlorhydrique ou l'acide sulfurique étendu d'eau.

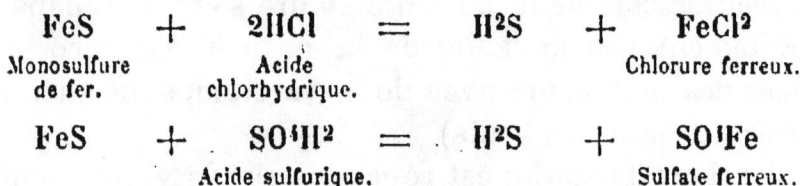

$$\underset{\substack{\text{Monosulfure} \\ \text{de fer.}}}{FeS} \quad + \quad \underset{\substack{\text{Acide} \\ \text{chlorhydrique.}}}{2HCl} \quad = \quad H^2S \quad + \quad \underset{\text{Chlorure ferreux.}}{FeCl^2}$$

$$FeS \quad + \quad \underset{\text{Acide sulfurique.}}{SO^4H^2} \quad = \quad H^2S \quad + \quad \underset{\text{Sulfate ferreux.}}{SO^4Fe}$$

La réaction s'effectuant à froid, les fragments de sulfure et l'eau sont introduits dans un flacon ; par un tube de sûreté on verse l'acide : l'hydrogène sulfuré qui se dégage est recueilli dans des éprouvettes renversées sur la cuve à mercure.

L'hydrogène sulfuré ainsi obtenu n'est pas pur ; il est mélangé à de l'acide chlorhydrique (lorsqu'on s'est servi d'une solution de ce corps pour la préparation) à de la vapeur d'eau et à de l'hydrogène : ce dernier gaz résultant de l'action de l'acide employé sur le fer qui est généralement contenu dans le monosulfure de fer du commerce

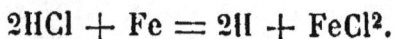

$$2HCl + Fe = 2H + FeCl^2.$$

Dans les préparations ordinaires, on se contente d'arrêter le gaz acide chlorhydrique au moyen d'un laveur à eau (*fig.* 29).

II. Préparations du gaz pur. — *a*) On prépare le gaz par le procédé décrit précédemment ; seulement après l'avoir débarrassé du gaz acide chlorhydrique, on le prive de sa vapeur d'eau, en lui faisant traverser

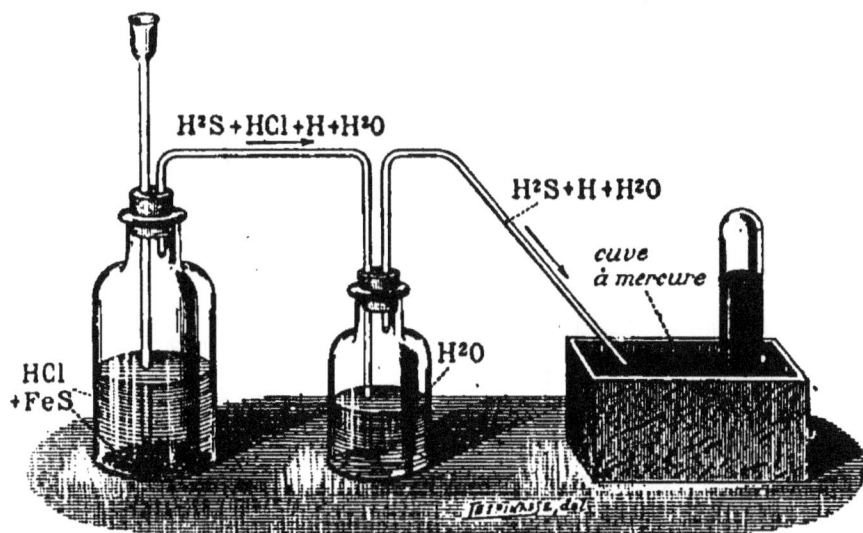

Fig. 29. — Préparation de l'acide sulfhydrique au moyen du sulfure de fer et de l'acide chlorydrique.

des tubes refroidis à — 50°, puis on le condense dans un tube refroidi à — 100° ; à cette *basse* température, l'hydrogène reste gazeux et se sépare de l'acide sulfhydrique qui est solide.

b) On décompose le sulfure d'antimoine, corps bien cristallisé, par l'acide chlorhydrique en solution très concentrée et chaude.

$$Sb^2S^3 \quad + \quad 6HCl \quad = \quad 3H^2S \quad + \quad 2SbCl^3$$
Sulfure d'antimoine.   Chlorure d'antimoine.

Puisque l'on opère à chaud, les matières premières sont placées dans un ballon ; le gaz traverse successivement un laveur à eau qui retient l'acide chlo-

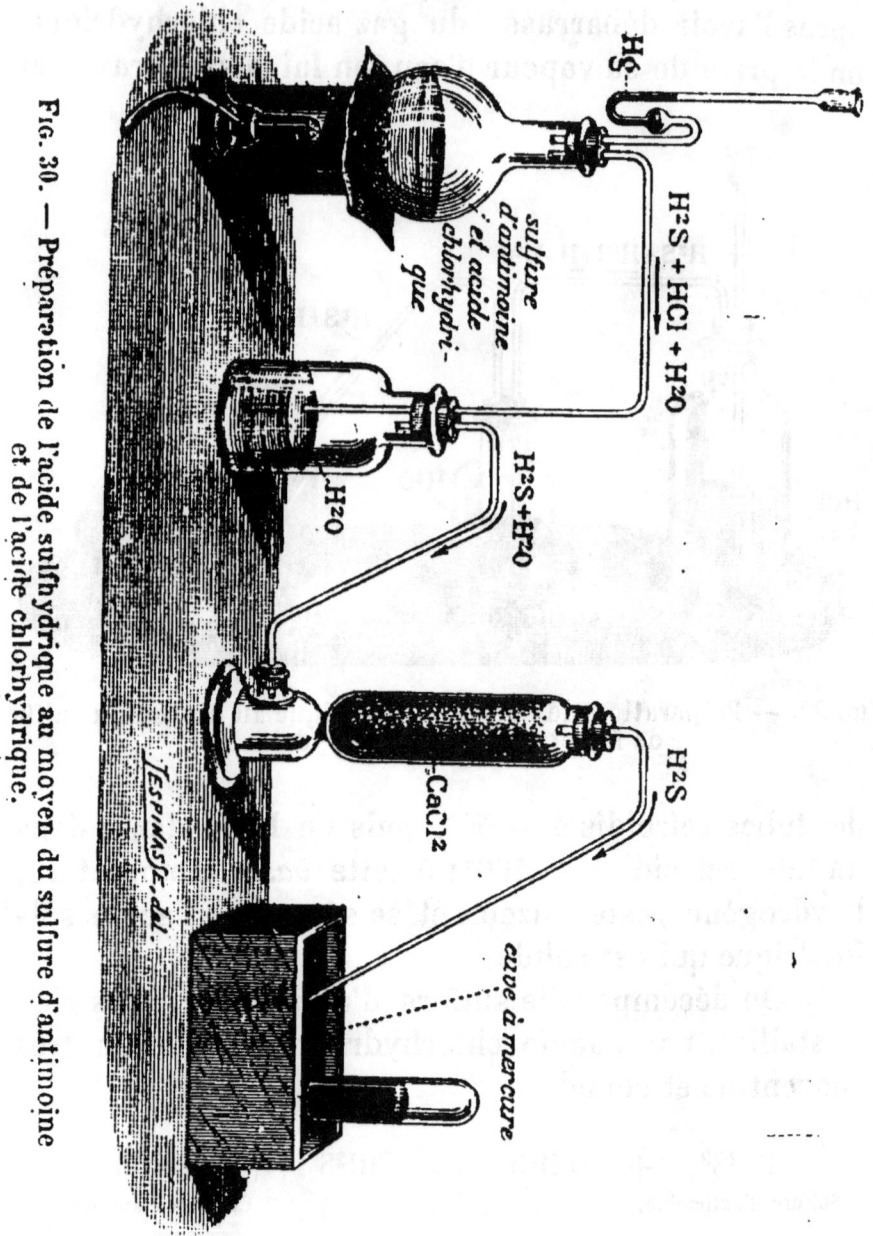

Fig. 30. — Préparation de l'acide sulfhydrique au moyen du sulfure d'antimoine et de l'acide chlorhydrique.

rhydrique entraîné et une éprouvette à pied renfermant du chlorure de calcium pour dessécher.

95. Propriétés physiques. — L'hydrogène sulfuré est un gaz incolore, doué d'une odeur désagréable (c'est celle des œufs pourris, dont la décomposition produit précisément ce gaz). Il est un peu plus lourd que l'air : sa densité à 0° est de 1,19. Il se liquéfie à — 61° sous la pression d'une atmosphère, et comme tous les gaz facilement liquéfiables, il est assez soluble dans l'eau : 1 litre de ce liquide dissout environ 4 litres de gaz à 0°.

96. Propriétés chimiques. — 1° Action sur les métalloïdes. — L'hydrogène sulfuré est décomposé par les métalloïdes qui se combinent directement à l'hydrogène.

a) Action des halogènes. — Le chlore et le brome agissent à la température ordinaire (§ 34 et 50).

$$H^2S + 2Cl = 2HCl + S.$$

L'iode opère semblablement, pourvu que le gaz soit dissous dans l'eau.

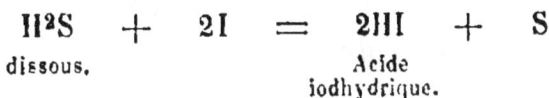

$$\underset{\text{dissous.}}{H^2S} + 2I = \underset{\substack{\text{Acide} \\ \text{iodhydrique.}}}{2HI} + S$$

b) Action de l'oxygène. — Les produits de la combustion ainsi que sa rapidité dépendent du mode opératoire.

L'hydrogène sulfuré et l'oxygène étant *secs*, la réaction ne s'accomplit qu'au rouge. Si l'oxygène est en excès, la combustion est complète et fournit de l'eau et de l'acide sulfureux ; le gaz brûle avec une flamme bl. .e.

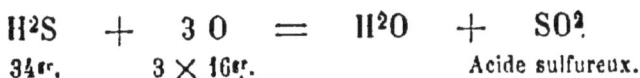

$$\underset{\text{34gr.}}{H^2S} + \underset{\text{3 × 16gr.}}{3\,O} = H^2O + \underset{\text{Acide sulfureux.}}{SO^2}$$

Il est facile de calculer les proportions en volumes des deux gaz, qui doivent assurer une combustion complète.

1 litre d'hydrogène sulfuré à 0° et 760 millimètres pèse :

$$1,19 \times 1^{gr},293 = 1^{gr},538,$$

34 grammes de ce gaz occupent un volume de :

$$\frac{34}{1,538} = 22 \text{ litres.}$$

1 litre d'oxygène à 0° et 760 millimètres pèse :

$$1,105 \times 1^{gr},293 = 1^{gr},43,$$

3×16 ou 48 grammes de ce gaz occupent un volume de :

$$\frac{48}{1,43} = 33 \text{ litres.}$$

Il faut donc que 22 litres d'hydrogène sulfuré soient mélangés à 33 litres d'oxygène, ce qui revient à dire qu'il faut 2 volumes du premier gaz pour 3 volumes du second.

Si l'oxygène est en quantité insuffisante, le soufre ne brûle pas.

$$H^2S + O = H^2O + S.$$

On observe un dépôt de soufre quand l'hydrogène sulfuré brûle à l'air dans une éprouvette longue et étroite.

En *présence de l'eau*, l'hydrogène sulfuré s'oxyde dès la température ordinaire, et abandonne du soufre. C'est ainsi qu'une solution de ce gaz dans l'*eau aérée*, devient trouble et laiteuse par suite de la mise en liberté du soufre sous un état très divisé. Dès lors, les solutions d'acide sulfhydrique doivent être faites avec de l'eau récemment bouillie et renfermées ensuite dans des vases complètement remplis et bien bouchés.

2° ACTION SUR LES MÉTAUX. — L'hydrogène sulfuré transforme presque tous les métaux en sulfures, avec l'aide de la chaleur.

Pour certains d'entre eux la présence de l'eau favorise la réaction : il en est ainsi de l'argent qui est attaqué aux températures ordinaires et passe à l'état de sulfure noir. L'argenterie noircit au contact prolongé des œufs dont l'altération amène un dégagement d'acide sulfhydrique.

3° ACTION SUR LES DÉRIVÉS OXYGÉNÉS DES MÉTALLOÏDES. — L'hydrogène sulfuré est un *réducteur :* l'hydrogène qu'il contient enlève l'oxygène et passe à l'état d'eau, le soufre devient libre.

Par exemple, il réduit l'acide sulfurique *concentré,* lentement à la température ordinaire, rapidement à chaud.

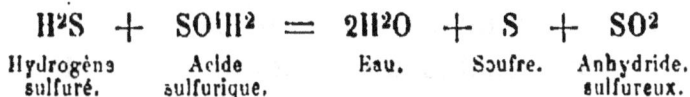

$$H^2S \ + \ SO^4H^2 \ = \ 2H^2O \ + \ S \ + \ SO^2$$

| Hydrogène sulfuré. | Acide sulfurique. | Eau. | Soufre. | Anhydride sulfureux. |

C'est à cause de cette réaction, que dans la préparation de l'hydrogène sulfuré, il convient d'employer l'acide sulfurique *étendu* pour décomposer le sulfure de fer; c'est aussi pour cela que ce gaz est desséché sur du chlorure de calcium et non pas sur de la ponce sulfurique.

Il réduit l'acide azotique. Verse-t-on quelques gouttes de ce corps dans un flacon plein d'hydrogène sulfuré, la décomposition est immédiate; du soufre se dépose

sur les parois, et les vapeurs rouges de peroxyde
d'azote remplissent le flacon.

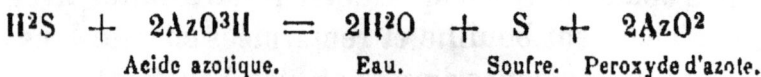

$$H^2S + 2AzO^3H = 2H^2O + S + 2AzO^2$$

Acide azotique.   Eau.   Soufre.   Peroxyde d'azote.

4° ACTION SUR LES SELS. — L'hydrogène sulfuré
donne avec les solutions des sels de certains métaux
des précipités de *sulfures* dont la teinte varie avec le
métal et peut, par conséquent, servir à le reconnaître.

Ainsi, il se fait un précipité noir avec les sels de
plomb et de cuivre, un précipité jaune avec les sels
d'étain, etc.

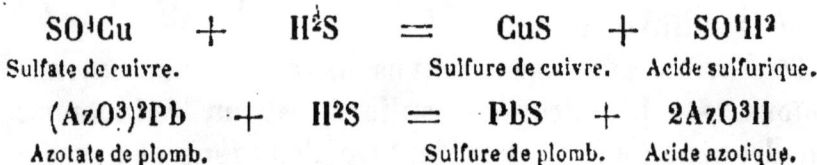

$$SO^4Cu + H^2S = CuS + SO^4H^2$$

Sulfate de cuivre.   Sulfure de cuivre.   Acide sulfurique.

$$(AzO^3)^2Pb + H^2S = PbS + 2AzO^3H$$

Azotate de plomb.   Sulfure de plomb.   Acide azotique.

97. Caractères. — L'hydrogène sulfuré est un acide
faible; sa solution aqueuse rougit le tournesol. En réagissant sur les métaux et sur les bases (potasse,
soude, etc.), il donne des sels appelés *sulfures*.

Il est reconnaissable à son odeur (§ 95), et au précipité noir de sulfure de plomb qu'il forme au contact
d'une solution d'un sel de plomb.

On choisit ordinairement l'acétate de plomb, et un
papier blanc imprégné d'une solution incolore de ce
sel noircit quand on le plonge dans un gaz renfermant
des traces d'hydrogène sulfuré, par exemple, dans le
gaz d'éclairage de la houille avant son épuration.

98. Propriétés physiologiques. — Introduit dans
l'organisme par la respiration, l'acide sulfhydrique est

un poison. Il suffit d'une dose de $\frac{1}{140}$ dans l'air pour amener la mort d'un cheval au bout de quelques heures.

· Les fosses d'aisances en dégagent parfois des quantités telles qu'elles produisent l'asphyxie.

On désinfecte ces fosses : 1° par le sulfate de fer qui absorbe l'hydrogène sulfuré et le fait passer à l'état de sulfure insoluble ; 2° par le chlorure de chaux, substance dégageant facilement du chlore qui détruit l'hydrogène sulfuré (§ 34).

99. Applications. — L'acide sulfhydrique est employé : 1° dans l'analyse chimique, en raison des sulfures qu'il précipite dans les solutions salines ;

2° Dans diverses préparations où il agit comme réducteur.

Combinaisons du soufre avec l'oxygène

100. Ces combinaisons sont nombreuses ; les plus importantes sont :

L'anhydride sulfureux............... SO^2 ;
L'anhydride sulfurique .... SO^3 ;
L'acide sulfurique................... SO^4H^2.

Anhydride sulfureux SO^2

$$\text{Poids moléculaire} = 64 \begin{bmatrix} S = 32 \\ 2O = 32 \end{bmatrix}$$

101. État naturel. — L'anhydride sulfureux existe à l'état libre dans certaines fumerolles volcaniques.

Les substances qui servent à le préparer sont le soufre et les sulfures.

102. Préparations industrielles. — 1° COMBUSTION DU SOUFRE DANS L'AIR VERS 360° (§ 91). — Cette méthode n'est guère employée actuellement que pour le soufre qui provient des masses d'épuration du gaz d'éclairage de la houille.

2° On chauffe les pyrites de fer (bisulfure) au rouge et dans un courant d'air :

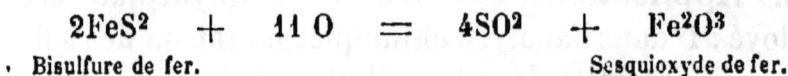

$$2FeS^2 \quad + \quad 11\ O \quad = \quad 4SO^2 \quad + \quad Fe^2O^3$$

Bisulfure de fer.   Sesquioxyde de fer.

Ou bien on grille la blende ou sulfure de zinc.

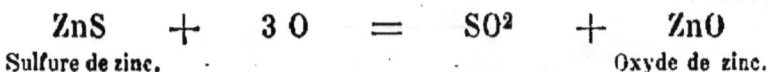

$$ZnS \quad + \quad 3\ O \quad = \quad SO^2 \quad + \quad ZnO$$

Sulfure de zinc.   Oxyde de zinc.

(Cette dernière réaction constitue encore la préparation de l'oxyde de zinc ou blanc de zinc utilisé dans la peinture.)

Étant données les grandes quantités de pyrite et de blende que l'on trouve dans le sol, ce sont ces substances qui par leur combustion fournissent actuellement l'anhydride sulfureux dans la grande industrie. Il est bien évident que le gaz ainsi obtenu n'est pas pur et qu'il est mélangé à l'azote de l'air.

103. Préparations dans les laboratoires. — Dans les laboratoires et dans la petite industrie, on prépare l'anhydride sulfureux, en réduisant l'acide sulfurique par le cuivre ou le mercure, par le soufre, par le carbone.

I. RÉDUCTION DE L'ACIDE SULFURIQUE PAR LE CUIVRE OU LE MERCURE. — Plusieurs métaux réduisent l'acide sulfurique à une température peu élevée avec production d'anhydride sulfureux et de sulfate métallique. Il en est ainsi du cuivre, du mercure, et les formules suivantes représentent la réaction.

$$2SO^4H^2 + Cu = SO^2 + SO^4Cu + 2H^2O$$

Acide sulfurique.   Cuivre.   Sulfate de cuivre.

$$2SO^4H^2 + Hg = SO^2 + SO^4Hg + 2H^2O$$

Mercure.   Sulfate de mercure.

De la tournure de cuivre et de l'acide sulfurique concentré sont introduits dans un ballon de grande capa-

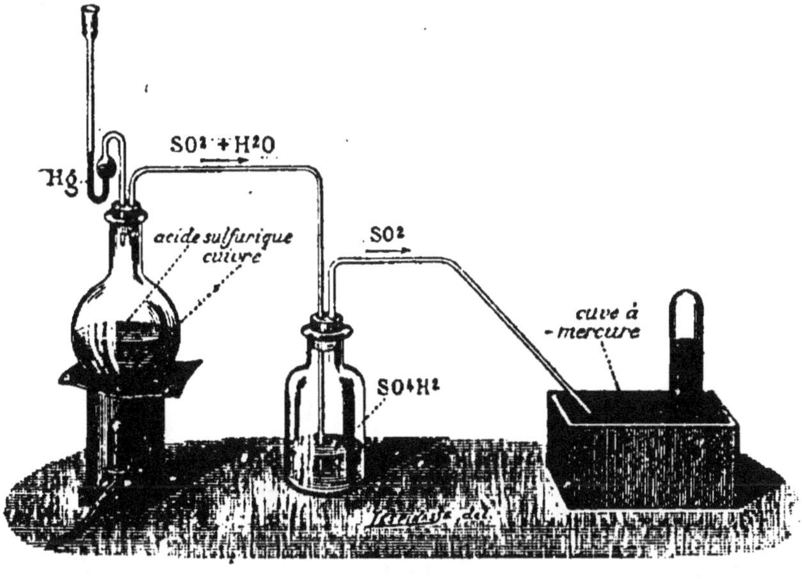

FIG. 31. — Préparation de l'anhydride sulfureux par l'acide sulfurique et le cuivre (ou le mercure).

cité; le bouchon est traversé par un tube de sûreté en S et par un tube de dégagement. On chauffe légèrement pour amorcer la réaction, et comme elle se continue d'elle-même, il faut cesser de chauffer dès que les premières bulles de gaz se dégagent. Sans cette précaution, la réaction devient trop violente et amène la formation d'une mousse volumineuse qui déborde par le tube abducteur.

La réaction est plus régulière avec le cuivre en lames ou avec le mercure, seulement celui-ci est d'un prix trop élevé.

Le gaz sulfureux est desséché au moyen d'un laveur contenant de l'acide sulfurique concentré, puis il est recueilli soit dans un flacon sec par déplacement d'air, soit dans des éprouvettes par déplacement de mercure.

II. RÉDUCTION DE L'ACIDE SULFURIQUE PAR LE SOUFRE OU LE CHARBON. — On fait couler de l'acide sulfurique sur du soufre chauffé à plus de 250° (§ 91) :

$$S + 2 SO^4H^2 = 3SO^2 + 2H^2O.$$

Le charbon ordinairement employé est du charbon de bois qui décompose l'acide sulfurique à son point d'ébullition.

$$C + 2 SO^4H^2 = 2SO^2 + CO^2 + 2H^2O$$
$$\text{Anhydride} \qquad \text{Acide}$$
$$\text{sulfureux.} \qquad \text{carbonique.}$$

On voit que l'anhydride sulfureux est mélangé à un autre gaz, l'acide carbonique CO^2 ; aussi emploie-t-on ce procédé pour préparer la solution d'acide sulfureux dans l'eau. Donc, au sortir du ballon à réaction, le mélange gazeux traverse un laveur renfermant de l'*eau récemment bouillie;* l'acide sulfureux très soluble dans ce liquide s'y dissout abondamment, tandis que l'acide carbonique peu soluble se dégage presque entièrement.

104. Propriétés physiques. — L'anhydride sulfureux est un gaz incolore, d'odeur piquante. Sa densité à 0° est plus du double de celle de l'air : elle est égale à 2,22.

Il se liquéfie à — 8° sous la pression d'une atmosphère. Il suffit donc de faire arriver le gaz sulfureux bien sec dans un tube refroidi au moyen d'un mélange de glace et de sel ordinaire (NaCl) pour qu'il se transforme en un liquide incolore plus lourd que l'eau.

Dans l'industrie, on le liquéfie à la température ordinaire (15° par exemple), mais alors il faut le comprimer à la pression de 3 atmosphères.

Le gaz sulfureux est très soluble dans l'eau : 1 litre de ce liquide à 0° en dissout 68 litres, et à 22°, il n'en dissout plus que la moitié, soit 34 litres.

La grande solubilité de ce gaz dans l'eau peut être mise en évidence par une expérience semblable à celle qui a été faite pour l'acide chlorhydrique (§ 41).

105. Propriétés chimiques. — L'*anhydride* sulfureux répond à la formule SO^2 ; sa solution dans l'eau contient l'*acide* sulfureux $SO^2 H^2O$ ou SO^3H^2 qui n'a pas pu être isolé.

L'anhydride sulfureux et sa solution dans l'eau jouissent de propriétés réductrices.

a) Le gaz sec se combine à l'oxygène sec en présence du platine divisé chauffé à 300° : il en résulte l'*anhydride sulfurique* SO^3

$$SO^2 + O = SO^3.$$

Il fixe également l'oxygène quand, mélangé à l'air, il passe sur du chlorure de sodium, additionné d'une petite quantité d'oxyde de cuivre à 400°

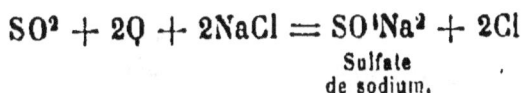

$$SO^2 + 2O + 2NaCl = SO^4Na^2 + 2Cl$$
Sulfate
de sodium.

b) En présence de l'eau, l'oxydation de l'acide sulfureux se fait aux températures ordinaires, et donne l'acide sulfurique

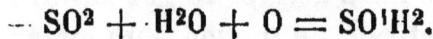

$$SO^2 + H^2O + O = SO^4H^2.$$

C'est pour éviter cette oxydation, que la solution aqueuse d'acide sulfureux doit être faite avec de l'eau bouillie, et qu'elle doit être conservée dans un flacon toujours plein et bien bouché.

L'oxydation aux dépens de l'eau se fait encore plus rapidement si l'on ajoute du chlore ou du brome (§ 34)

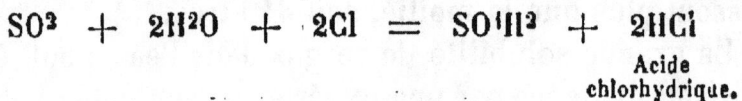

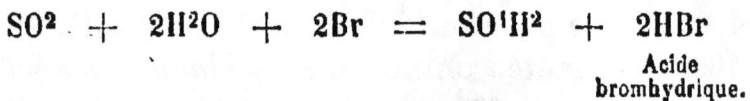

$$SO^2 + 2H^2O + 2Cl = SO^4H^2 + 2HCl$$
Acide
chlorhydrique.

$$SO^2 + 2H^2O + 2Br = SO^4H^2 + 2HBr$$
Acide
bromhydrique.

L'acide azotique est également réduit par l'acide sulfureux : la réaction principale qui s'effectue entre les deux corps est :

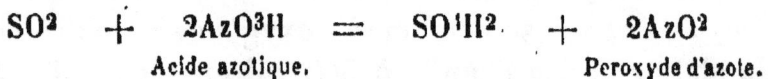

$$SO^2 + 2AzO^3H = SO^4H^2 + 2AzO^2$$
Acide azotique.   Peroxyde d'azote.

Dans une éprouvette remplie de gaz anhydride sulfureux, il suffit de verser quelques gouttes d'acide azotique, pour voir apparaître des vapeurs rouges de peroxyde d'azote.

Une solution violette de permanganate de potassium MnO^4K est décolorée par le gaz sulfureux ou par sa solution : la réduction donne lieu à un mélange d'acide sulfurique et de sulfates de potassium et de manganèse.

Dans un grand flacon rempli de gaz sulfureux on fait couler une solution violette de permanganate de potassium qui se décolore instantanément.

On voit que dans tous les cas précités l'*acide sulfureux fixe de l'oxygène pour se transformer en acide sulfurique ou en sulfates.*

c) Le gaz sulfureux humide et sa solution décolorent un certain nombre de substances, les unes d'origine végétale : des fleurs (les violettes, les roses deviennent blanches), le vin rouge, le tournesol ; les autres d'origine animale : laine, soie, etc.

106. Fonction acide. — Sulfites et bisulfites. — Le gaz sulfureux humide ou sa solution rougissent le tournesol avant de le décolorer ; l'un et l'autre réagissent sur les oxydes métalliques pour donner des sels que l'on appelle *sulfites.*

Et comme il existe deux séries de ces sels, on peut dire que l'*acide* sulfureux $SO^2 H^2O$ ou SO^3H^2 est un acide *bibasique.*

Par substitution d'un seul atome de sodium à un atome d'hydrogène, on a le *bisulfite de sodium* SO^3HNa. et par substitution de 2 atomes du métal à 2 atomes d'hydrogène, on a le sulfite neutre $SO^3 Na^2$.

107. Applications. — 1° De l'anhydride sulfureux gazeux. — *a)* Ce gaz sert à la préparation de l'anhydride sulfurique, de l'acide sulfurique, du sulfate de sodium (§ 105).

Il est transformé en bisulfite de calcium employé pour décolorer les pailles et les pâtes de bois destinées à la fabrication du papier ; en bisulfite de sodium, fréquemment utilisé en chimie organique ; en hyposulfite de sodium, dont on se sert en photographie pour fixer l'image, c'est-à-dire la rendre inaltérable à la lumière.

6*

b) Le gaz sulfureux est employé pour le blanchiment des substances d'origine animale : laine, soie, plumes, éponges, colle de poisson ; pour enlever les taches de fruit sur les étoffes (il suffit souvent de faire brûler une allumette contenant du soufre à proximité de la tache préalablement mouillée).

c) Il est utilisé pour éteindre les feux de cheminée : pour cela on projette dans la cheminée quelques morceaux de soufre et on bouche l'ouverture avec des linges mouillés. Le soufre absorbe l'oxygène de l'air contenu dans la cheminée, et l'acide sulfureux formé s'oppose à la combustion de la suie.

d) L'anhydride sulfureux détruit un grand nombre d'organismes, rats, puces, punaises, champignons, etc., de là son emploi pour désinfecter les navires (surtout dans le cas de peste), les appartements, les vêtements.

C'est également ce gaz qui se dégage des mèches soufrées que l'on brûle dans les tonneaux avant de les remplir, pour y détruire tous les organismes microscopiques qui peuvent y exister et qui altéreraient le vin et autres boissons alcooliques.

II. De l'anhydride sulfureux liquéfié. — L'industrie livre ce liquide soit dans des cylindres en acier soit dans des siphons analogues à ceux qui contiennent l'eau de Seltz.

Si la salle où se trouvent ces appareils est à $+ 15°$, l'anhydride sulfureux liquide est à $+ 15°$, et il exerce sur les enveloppes qui le contiennent une pression de $2^{atm},7$.

Si la salle est à $+ 20°$, l'anhydride sulfureux est aussi à cette température, et il exerce une pression de $3^{atm},2$.

Dès lors, quand on ouvre le siphon, le liquide est projeté au dehors et il y prend la pression extérieure d'une atmosphère. Or on a vu (§ 104) que sous cette

pression de 1 atmosphère l'anhydride sulfureux bout à
— 8°. Il se met donc à bouillir et conserve la température de — 8° tant qu'il reste du liquide.

Si dans cet anhydride sulfureux en ébullition à — 8°
on plonge un vase contenant de l'eau, celle-ci se con-
gèle.

L'anhydride sulfureux liquéfié est en effet utilisé pour
la fabrication de la glace.

Anhydride sulfurique SO³

$$\text{Poids moléculaire} = 80 \begin{bmatrix} S = 32 \\ 3O = 48 \end{bmatrix}$$

108. Préparation. — L'anhydride sulfurique se prépare en faisant passer un mélange de gaz anhydride
sulfureux et d'oxygène l'un et l'autre bien secs sur de
la mousse de platine chauffée vers 300° (§ 103 a).

$$SO^2 + O = SO^3.$$

109. Propriétés physiques. — Ce corps existe
sous deux modifications qui jouissent de propriétés
physiques différentes.

1° MODIFICATION FUSIBLE. — Gros prismes transparents fusibles à 18°.

2° MODIFICATION INFUSIBLE. — Longues aiguilles
blanches et soyeuses, ayant l'aspect de l'amiante. Elles
ne fondent pas, et se transforment directement en
vapeurs quand on les chauffe à 50°.

110. Propriétés chimiques. — Les deux formes de l'anhydride sulfurique offrent les mêmes propriétés chimiques.

1° Ce corps se décompose sous l'influence de la chaleur et les gaz qui ont servi à le former sont régénérés :

$$SO^3 = SO^2 + O.$$

Cette décomposition qui commence vers 450° s'accélère avec la température.

2° Il se combine avec l'eau et se change en acide sulfurique :

$$SO^3 + H^2O = SO^4H^2.$$

Une petite quantité de cet anhydride, projetée dans l'eau s'y dissout immédiatement et produit un bruit semblable à celui que fait entendre un fer rouge que l'on plonge dans ce liquide. Aussi doit-on conserver l'anhydride sulfurique en tube fermé pour l'empêcher d'absorber l'humidité atmosphérique.

3° Il s'unit à l'acide sulfurique pour former de l'*acide pyrosulfurique*, corps qui fait partie de l'*acide de Nordhausen* :

$$SO^3 \quad + \quad SO^4H^2 \quad = \quad S^2O^7H^2.$$
Anhydride sulfurique.   Acide sulfurique.   Acide pyrosulfurique.

111. Applications. — L'anhydride sulfurique sert dans les préparations de l'acide sulfurique et de l'acide sulfurique fumant. — Il est encore employé dans la fabrication des matières colorantes.

Acide sulfurique SO⁴H²

$$\text{Poids moléculaire} = 98 \begin{bmatrix} S = 32 \\ 4O = 64 \\ 2H = 2 \end{bmatrix}$$

112. Préparations. — L'acide sulfurique est préparé industriellement par deux méthodes, consistant l'une et l'autre à *oxyder l'anhydride sulfureux* SO², le procédé de contact et le procédé des chambres de plomb.

PROCÉDÉ DE CONTACT. — On fait passer un mélange de gaz sulfureux et d'air, l'un et l'autre secs, sur de l'amiante platinée. Cette *masse de contact* provoque la combinaison des deux gaz (§ 108) :

$$SO^2 + O = SO^3.$$

Elle est obtenue en immergeant l'amiante dans une solution de chlorure de platine, que l'on chauffe ensuite à 100° avec du bicarbonate et du formiate de sodium, de manière à mettre le platine en liberté.

La réaction s'effectue vers 300°, seulement elle est *exothermique,* c'est-à-dire dégage beaucoup de chaleur, ce qui tend à élever la température.

Or, on a vu (§ 110) qu'une température de 450° amène la décomposition de l'anhydride SO³, ce que l'on exprime en disant que la *réaction est réversible*. Il importe donc de maintenir le système des corps réagissants entre 300 et 400°, c'est-à-dire qu'il faut soustraire de la chaleur au fur et à mesure qu'elle est produite par la combinaison.

Il est encore indispensable pour la réussite du procédé que le gaz sulfureux provenant de la combustion des pyrites (§ 102) soit privé de toute substance arsenicale et phosphorée.

Ayant ainsi obtenu de l'anhydride sulfurique SO^3, il suffit d'y ajouter de l'eau pour faire de l'acide sulfurique :

$$SO^3 + H^2O = SO^4H^2.$$

SO^3 représente 80 grammes, H^2O, 18 grammes; donc, en versant avec précaution 18 grammes d'eau dans 80 grammes d'anhydride sulfurique, on obtient 98 grammes d'acide sulfurique SO^4H^2.

113. PROCÉDÉ DES CHAMBRES DE PLOMB. — *a*) Le procédé est basé sur la série des réactions suivantes:

1° L'anhydride sulfureux est oxydé par l'acide azotique :

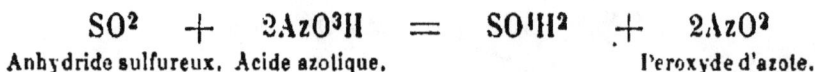

$$SO^2 \quad + \quad 2AzO^3H \quad = \quad SO^4H^2 \quad + \quad 2AzO^2$$

Anhydride sulfureux. Acide azotique.   Peroxyde d'azote.

2° Le peroxyde d'azote (ou vapeurs rouges), en présence de l'oxygène et d'une assez grande quantité d'eau est susceptible de transformer une nouvelle quantité d'anhydride sulfureux en acide sulfurique:

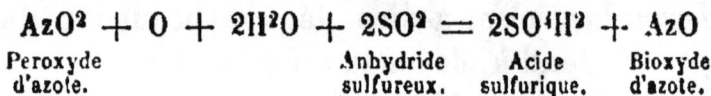

$$AzO^2 + O + 2H^2O + 2SO^2 = 2SO^4H^2 + AzO$$

Peroxyde   Anhydride   Acide   Bioxyde
d'azote.   sulfureux. sulfurique. d'azote.

3° Le bioxyde d'azote fixe instantanément l'oxygène de l'air pour donner du peroxyde d'azote :

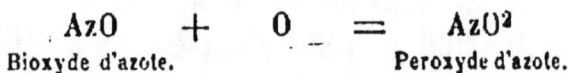

$$AzO \quad + \quad O \quad = \quad AzO^2$$

Bioxyde d'azote.   Peroxyde d'azote.

et ce peroxyde réagit comme précédemment sur l'anhydride sulfureux.

D'après cela, il suffit d'un poids limité et faible d'acide azotique pour transformer des quantités considérables de gaz sulfureux en acide sulfurique, à condition que l'on introduise dans les appareils des proportions convenables d'air et d'eau.

b) Description de l'appareil. — L'appareil producteur d'acide sulfurique comprend :

1° Un four où l'on prépare du gaz sulfureux par combustion du soufre, de la pyrite de fer ou de la blende (§ 102);

2° La tour de Glover, haute de 8 à 10 mètres, formée de feuilles de plomb, doublées intérieurement de briques siliceuses, et remplie de blocs siliceux ou de fragments de coke ;

3° Trois chambres formées de feuilles de plomb qui sont soudées directement entre elles, sans interposition d'un autre métal : leur capacité totale est de 4.000 à 6 000 mètres cubes ;

4° La tour de Gay-Lussac, haute de 12 à 16 mètres, en plomb et remplie soit de briques siliceuses, soit de fragments de coke.

c) Le mélange de gaz sulfureux et d'air, dont la température est de 400° à la sortie des fours, circule de bas en haut dans la tour de Glover.

Par la partie supérieure de cet appareil, on fait couler : 1° de l'acide azotique ; 2° de l'acide sulfurique marquant 52° à l'aréomètre Baumé et provenant des chambres de plomb ; 3° de l'acide sulfurique marquant 60° Baumé et tenant en dissolution des *composés nitreux :*

Sous l'influence des gaz à haute température, la composition de ces divers liquides se modifie : l'acide

marche des liquides
des gaz

Az O³H

SO⁴H² nitreux

SO⁴H² à 52°B

Chambres de plomb

SO⁴H² à 60°B

Az

Cheminée

Tour de Glover

Tour de Gay-Lussac

$SO^2+O+Az+H O$
$+AzO^2$

$SO^2+O+Az+H^2O$
$+AzO^2$

vapeur d'eau

vap. d'eau

SO^2+O
$+Az$

Az+
AzO²

Four à pyrite

FeS²
FeS²

air
(O+Az)

SO⁴H²
à 60°B

SO⁴H² à 52°B

SO⁴H² nitreux

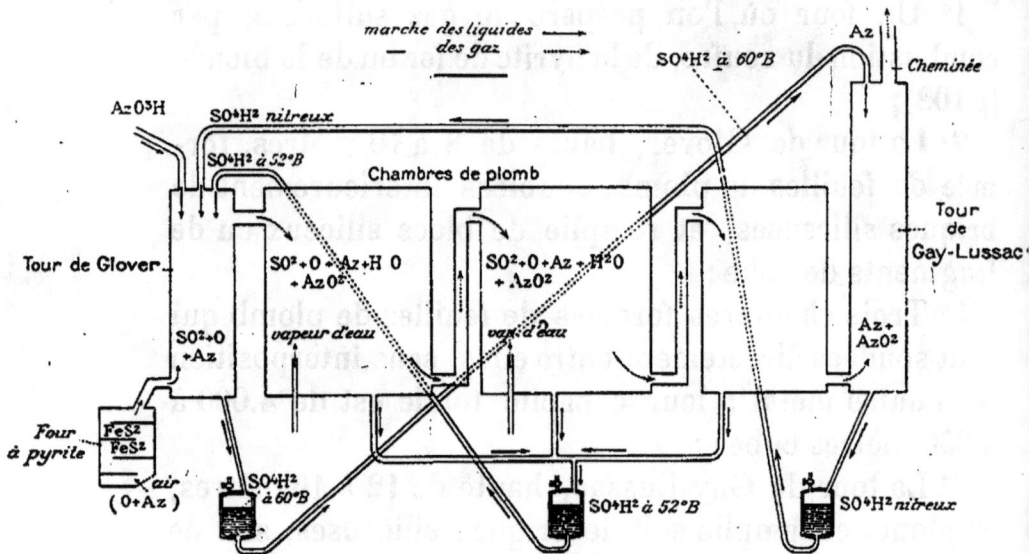

Fig. 32. — Préparation de l'acide sulfurique par le procédé des chambres de plomb.

sulfurique à 52° B. perd de l'eau, l'acide *sulfurique nitreux* à 60° B se dépouille de ses vapeurs nitreuses, de sorte que l'on recueille au bas du Glover un liquide homogène qui est de l'acide sulfurique à 60° B.

Les gaz refroidis à 70° sortent de la partie supérieure du Glover et pénètrent dans la première chambre de plomb, mélangés à la vapeur d'eau et aux composés nitreux dont ils se sont chargés dans le Glover.

Entre ces différents corps se produisent les réactions indiquées plus haut et dont on assure la régularité par l'introduction de quantités convenables de vapeur d'eau.

Les gaz qui sortent de la troisième chambre de plomb sont formés presque exclusivement d'azote et de vapeurs nitreuses : ils traversent de bas en haut la tour de Gay-Lussac, dans laquelle ils sont mis en contact avec de l'acide sulfurique à 60° B. qui dissout les composés nitreux. Les gaz rejetés par la cheminée qui surmonte la tour de Gay-Lussac ne contiennent guère que de l'azote.

En résumé, ces appareils fournissent trois acides :

1° L'*acide des chambres de plomb*, à 52° Baumé, contenant 35 0/0 d'eau : une partie est vendue à cet état, l'autre partie est montée au haut du Glover qu'elle traverse de haut en bas, ce qui a pour effet de la concentrer ;

2° L'*acide du Glover*, à 60° B. contenant 22 0/0 d'eau dont une partie est montée au sommet du Gay-Lussac, et dont l'autre partie est soit vendue à cet état, soit transformée en un acide plus concentré.

3° L'*acide du Gay-Lussac*, qui tient en dissolution des composés nitreux et qu'on envoie se *dénitrifier* dans la tour de Glover.

7

ACIDES CONCENTRÉS. — La concentration de l'acide à 60 B. s'effectue dans des alambics en platine pur ou en platine recouvert intérieurement d'une mince couche d'or, ou bien encore dans des appareils en lave : on obtient un acide marquant 66° Baumé.

114. ACIDES SULFURIQUES DU COMMERCE. — On trouve dans le commerce de l'acide sulfurique pur, et des mélanges de cet acide avec de l'anhydride sulfurique ou avec de l'eau ; et il y a avantage à employer tel ou tel de ces liquides, suivant la réaction à effectuer. C'est ainsi que l'on utilise :

1° Les *acides sulfuriques fumants* qui sont des mélanges d'acide SO^4H^2 et d'anhydride SO^3. Ce sont des corps solides ou liquides, suivant la quantité d'anhydride qu'ils renferment.

L'acide pyrosulfurique, l'acide sulfurique de Nordhausen (§ 110) appartiennent à ce groupe d'acides ;

2° L'*acide sulfurique réel*, répondant à la formule SO^4H^2 et se présentant à l'état de cristaux fusibles à + 10° ;

3° Les *acides sulfuriques ordinaires*, tous liquides à 0° et répondant à la formule SO^4H^2, nH^2O (nH^2O désignant un nombre variable de molécules d'eau unies à une molécule de SO^4H^2).

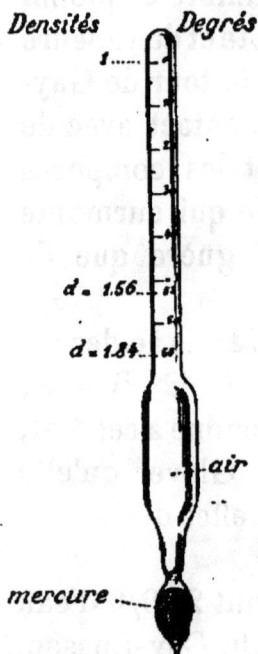

Fig. 33. — Aréomètre Baumé (pèse-acide).

On apprécie la quantité d'eau qu'ils contiennent par la détermination de la densité.

L'appareil le plus fréquemment employé pour cette recherche est l'*aréomètre de Baumé*, qui est lesté de façon à s'enfoncer dans l'eau pure (densité $=$ 1) presque jusqu'au sommet de la tige. Au point d'affleurement dans ce liquide, on marque 0°.

L'aréomètre s'enfonce d'autant moins dans une liqueur sulfurique que celle-ci est plus dense, c'est-à-dire qu'elle est plus riche en acide SO^4H^2. Voici quelques indications sur plusieurs acides du commerce :

	Degrés marqués par l'aréomètre Baumé.	Densité.	Quantité d'eau 0/0.
Acide sulfurique bouilli...	66°	1,84	1,50
Acide sortant du Glover..	60°	1,75	22
Acide sortant des chambres de plomb............	52°	1,56	35

115. Propriétés physiques. — *L'acide sulfurique bouilli*, ou acide à 66° B., est un liquide incolore, de consistance huileuse, solidifiable au-dessous de 0° et bouillant à 338° sous la pression atmosphérique.

Il se décompose complètement au rouge vif.

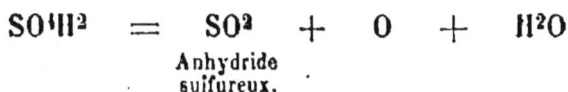

$$SO^4H^2 = SO^2 + O + H^2O$$
$$\text{Anhydride sulfureux.}$$

116. Propriétés chimiques. — 1° ACTION SUR LES MÉTALLOÏDES. — L'acide sulfurique est réduit à l'état d'*anhydride sulfureux* par les métalloïdes qui se combinent directement à l'oxygène.

L'hydrogène ne décompose l'acide sulfurique étendu qu'au-dessus de 250°, mais il attaque l'acide à 66° B. dès la température ordinaire :

$$SO^4H^2 + 2H = SO^2 + 2H^2O.$$

Le soufre réduit l'acide sulfurique à sa température

d'ébullition, et c'est là un mode de préparation de l'an-hydride sulfureux (§ 91 et 103, II) :

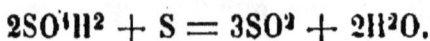

$$2SO^4H^2 + S = 3SO^2 + 2H^2O.$$

Le charbon décompose cet acide à son point d'ébulli-tior, et cette réaction est parfois employée pour prépa-rer la dissolution d'acide sulfureux (§ 103, II) :

$$2SO^4H^2 + C = 2SO^2 + CO^2 + 2H^2O.$$

2° Action sur les métaux. — L'or n'est pas atta-qué par l'acide sulfurique et le platine ne l'est que fort peu : 2 décigrammes de ce métal sont dissous en quelques heures par 1 litre d'acide pur et bouillant.

Tous les autres métaux décomposent l'acide sulfu-rique avec production d'un sulfate et dégagement d'un gaz qui est l'anhydride sulfureux ou l'hydrogène.

C'est l'acide sulfureux qui prend naissance quand le métal réducteur est le cuivre, le mercure, l'argent, le plomb; et on a vu (§ 103) que la réaction du premier de ces métaux sur l'acide sulfurique concentré et chaud, constitue un mode de préparation de l'anhydride sulfureux :

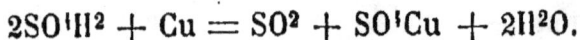

$$2SO^4H^2 + Cu = SO^2 + SO^4Cu + 2H^2O.$$

Le plomb n'est attaqué que par l'acide sulfurique marquant 60° B.; aussi peut-il entrer dans la constitu-tion des chambres où se forme un acide moins concentré.

Le zinc, le fer décomposent à froid l'acide sulfurique *étendu* et fournissent un dégagement d'hydrogène : cette réaction permet de préparer facilement ce gaz (§ 10) :

$$SO^4H^2 + Zn = 2H + SO^4Zn.$$

3° ACTION SUR LES COMPOSÉS. — Le mélange d'acide sulfurique concentré et d'eau produit un dégagement de chaleur considérable. Si l'on introduit rapidement 4 parties d'acide dans une partie d'eau, l'un et l'autre étant à 10°, la température peut s'élever jusqu'à 100°. Aussi pour éviter la vaporisation de l'eau et la projection de l'acide, on verse goutte à goutte l'acide dans l'eau, en ayant soin de remuer constamment avec une baguette de verre. Quand on mélange 4 parties d'acide à 1 partie de glace, celle-ci fond, puis sa température s'élève à 80°-90°. Si l'on renverse les proportions, c'est-à-dire si l'on introduit 4 parties de glace dans une partie d'acide, la glace fond encore en absorbant beaucoup de chaleur, et la température s'abaisse à — 16°.

L'acide sulfurique abandonné à l'air *augmente de poids*, en absorbant la vapeur d'eau de l'atmosphère.

L'acide sulfurique concentré est réduit par l'hydrogène sulfuré (§ 96) ; il dégage une grande quantité de chaleur en réagissant sur les alcalis (potasse, soude) et les transforme en sulfates.

Il *charbonne* beaucoup de matières organiques (sucre, bois, liège, etc.), aux températures supérieures à 100°, et ce charbon devenu libre réduit l'acide sulfurique avec production d'anhydride sulfureux.

117. Réactifs. — L'acide sulfurique, même très étendu, donne à la teinture bleue de tournesol une coloration rouge pelure d'oignon, et forme avec les solutions des sels de baryum un précipité blanc de *sulfate de baryum* insoluble dans les acides dilués :

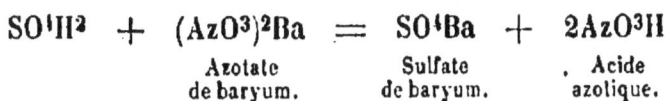

$$SO^4H^2 + (AzO^3)^2Ba = SO^4Ba + 2AzO^3H$$

Azotate   Sulfate   . Acide
de baryum.   de baryum.   azotique.

118. Propriétés physiologiques. — L'acide sulfurique détruit les tissus; les brûlures qu'il produit doivent être lavées immédiatement avec une solution très étendue d'ammoniaque.

119. Applications. — L'acide sulfurique a reçu une foule d'applications. Il sert à la préparation de l'acide chlorhydrique (§ 38) de l'acide fluorhydrique (§ 23), des acides azotique et carbonique, etc.

On l'emploie pour dessécher les gaz (§ 39 et 103), pour évaporer à la température ordinaire de petites quantités de dissolutions aqueuses, pour dessécher les substances solides ou liquides qui ne peuvent être chauffées sans inconvénient. En général on combine l'action du vide à celle de l'acide sulfurique.

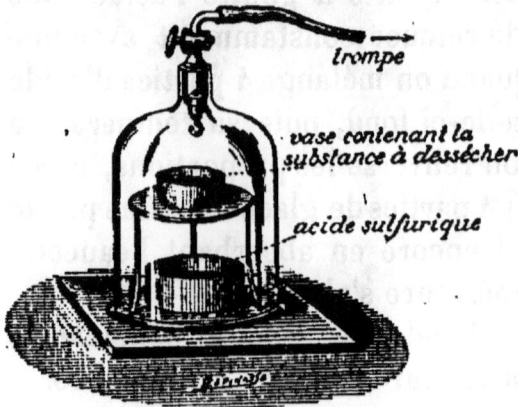

Fig. 34. — Dessiccateur à vide et à acide sulfurique.

La substance à dessécher est placée dans un vase au-dessus d'un large cristallisoir contenant de l'acide sulfurique concentré sur une hauteur d'environ 1 centimètre. On recouvre le tout d'une cloche, dans laquelle on fait le vide au moyen d'une trompe à eau.

120. Sulfates. — L'acide sulfurique est un acide *bibasique*, qui donne deux séries de sels : les *sulfates neutres* et les sulfates acides ou *bisulfates*.

Les sulfates neutres ne *contiennent plus d'hydrogène*, et si M désigne un métal quelconque, ces sels ont pour formule SO^4M^2 ou SO^4M suivant que les 2 atomes d'hydrogène de l'acide sulfurique SO^4H^2 sont remplacés par 2 atomes ou 1 seul atome du métal.

Sulfate de potassium.............. SO^4K^2
— de sodium.................. SO^4Na^2
— de fer..................... SO^4Fe
— de zinc .... SO^4Zn
— de cuivre.................. SO^4Cu
— de calcium................ SO^4Ca
— de baryum................ SO^4Ba

Les *bisulfates contiennent encore de l'hydrogène.*

Bisulfate de potassium............. SO^4HK
— de sodium............... SO^4HNa

Les sulfates s'obtiennent : 1° par l'action de l'acide sulfurique sur les métaux (§ 116);

2° Par l'action de l'acide sulfurique sur les bases (potasse, soude, etc.).

$$SO^4H^2 \; + \; 2KOH \; = \; SO^4K^2 \; + \; 2H^2O$$

Potasse. Sulfate
de potassium.

121. Propriétés. — La plupart des sulfates sont solubles dans l'eau ; le sulfate de calcium y est peu soluble, le sulfate de baryum et le sulfate de plomb SO^4Pb y sont insolubles.

Les solutions de sulfates, additionnées d'une solution d'*azotate* ou de *chlorure de baryum*, donnent un précipité blanc de *sulfate de baryum* identique à celui que fournit l'acide sulfurique dans les mêmes conditions (§ 117) :

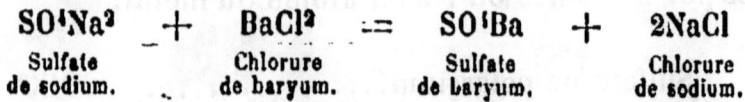

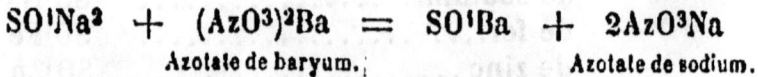

$$SO^4Na^2 \ + \ BaCl^2 \ = \ SO^4Ba \ + \ 2NaCl$$

Sulfate de sodium.   Chlorure de baryum.   Sulfate de baryum.   Chlorure de sodium.

$$SO^4Na^2 \ + \ (AzO^3)^2Ba \ = \ SO^4Ba \ + \ 2AzO^3Na$$

Azotate de baryum.   Azotate de sodium.

CHAPITRE VI

Azote. — Air. — Ammoniaque

Azote Az

Poids atomique : Az = 14

122. État naturel. — L'azote est à l'état libre dans l'air, et en dissolution dans l'eau.

Il est à l'état combiné dans l'ammoniaque et les sels ammoniacaux, dans les azotates métalliques dont plusieurs se trouvent dans la terre et les végétaux ; enfin il entre dans de nombreux composés organiques contenus dans les êtres vivants.

123. Préparation de l'azote pur. — L'azote pur est obtenu par la décomposition de l'ammoniaque ou de ses sels.

I. Extraction de l'azote de l'ammoniaque. — L'ammoniaque ayant pour formule AzH^3, on en extrait l'azote, en la traitant par un corps qui se combine à l'hydrogène.

a) Par exemple on emploie le chlore ou le brome (§ 34).

$$AzH^3 + 3Cl = Az + 3HCl.$$

Seulement, comme l'acide chlorhydrique réagit instantanément sur l'ammoniaque pour donner du chlorhydrate d'ammoniaque

$$3HCl + 3AzH^3 = 3AzH^4Cl,$$

on obtient en réalité de l'azote et du chlorhydrate d'ammoniaque, ce qui est indiqué dans l'égalité sui-

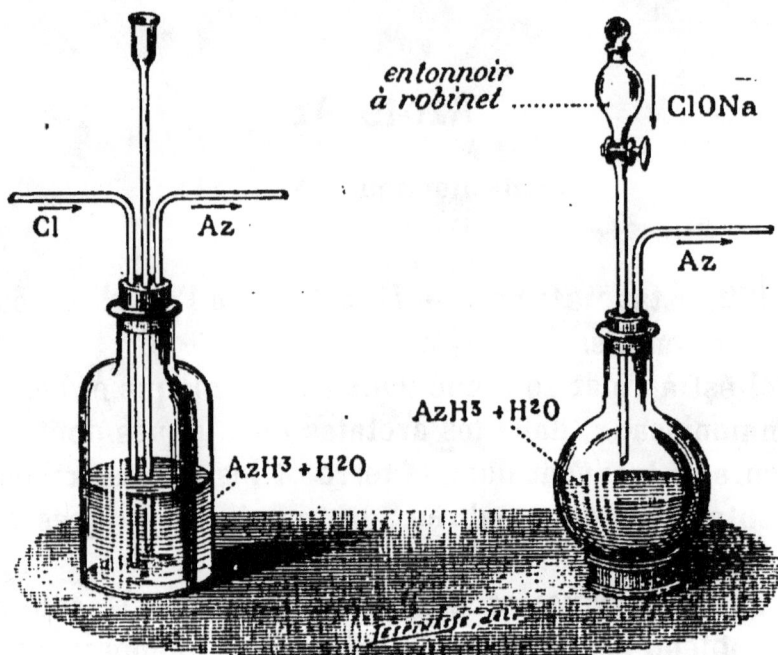

FIG. 35. — Extraction de l'azote de l'ammoniaque.

vante obtenue en additionnant les deux équations précédentes.

$$4AzH^3 + 3Cl = Az + 3AzH^4Cl.$$

Le chlore et l'ammoniaque peuvent être pris tous les deux à l'état gazeux, ou bien l'un et l'autre en solutions aqueuses ou bien encore on fait arriver peu à peu le gaz chlore dans la solution aqueuse d'ammoniaque (fig. 35).

Il faut avoir soin de maintenir l'ammoniaque en excès, sans quoi le chlore réagirait sur le chlorhydrate d'ammoniaque formé pour donner du chlorure d'azote, composé détonant ($AzCl^3$).

b) On peut remplacer le chlore et le brome par une solution d'hypochlorite de sodium ou d'hypobromite de sodium qui, au moyen d'un entonnoir à robinet, tombe goutte à goutte dans une solution d'ammoniaque.

$$2AzH^3 + 3ClONa = 2Az + 3NaCl + 3H^2O$$
Hypochlorite
de sodium.

$$2AzH^3 + 3BrONa = 2Az + 3NaBr + 3H^2O$$
Hypobromite   Bromure
de sodium.   de sodium.

c) L'oxydation de l'ammoniaque par l'oxygène ou l'oxyde de cuivre au rouge met également l'azote en liberté.

$$2AzH^3 + 3O = 2Az + 3H^2O.$$

II. EXTRACTION DE L'AZOTE DES SELS AMMONIACAUX. — Un certain nombre de sels ammoniacaux dégagent de l'azote soit quand on les chauffe seuls, soit quand on les traite par un oxydant.

Il en est ainsi de l'*azotite d'ammoniaque* qui, chauffé légèrement, se décompose en azote et eau :

$$AzO^2AzH^4 = 2Az + 2H^2O.$$
Azotite d'ammoniaque.

Dans un ballon ou dans une cornue, on introduit des solutions assez concentrées de chlorhydrate d'ammoniaque et d'azotite de potassium, qui par réaction mutuelle sont susceptibles de fournir de l'azotite d'am-

moniaque. En élevant la température du ballon, l'azote
se dégage.

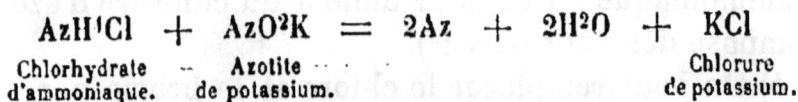

$$AzH^4Cl \quad + \quad AzO^2K \quad = \quad 2Az \quad + \quad 2H^2O \quad + \quad KCl$$

Chlorhydrate   Azotite   Chlorure
d'ammoniaque.   de potassium.   de potassium.

**124. Préparation de l'azote mélangé aux gaz
inactifs de l'air.** — L'azote formé presque les $\frac{4}{5}$ du
volume de l'air, exactement les $\frac{78}{100}$; le reste est de
l'oxygène avec de petites quantités de vapeur d'eau,
d'acide carbonique et de divers gaz inactifs (argon,
néon, etc.).

Pour extraire l'azote de l'air, on absorbe l'acide carbonique par la potasse, la vapeur d'eau par l'acide sulfurique, l'oxygène par un corps réducteur, et il reste
un gaz formé par de l'azote mélangé à 1 0/0 environ
des gaz inertes de l'air (argon, etc.) et qui ne peuvent
lui être enlevés directement parce qu'on ne leur connaît
pas de propriétés chimiques.

C'est à ce mélange gazeux qu'on donne le nom d'*azote
atmosphérique*.

Les divers procédés employés pour extraire l'azote
de l'air diffèrent les uns des autres par la nature du
corps réducteur qui fixe l'oxygène.

C'est ainsi que l'on peut se servir du phosphore agis-
sant soit aux températures ordinaires soit à chaud — des
sulfures alcalins — du cuivre en présence d'une solution
d'ammoniaque à froid — du cuivre seul porté au rouge.

**125. Extraction de l'azote de l'air par le cuivre
et l'ammoniaque.** — Le cuivre et l'ammoniaque pris
séparément n'absorbent pas l'oxygène de l'air à *la*

température ordinaire. Mais ils le fixent quand ils sont en présence l'un de l'autre.

Un flacon de grande capacité (5-8 litres) contient de la tournure de cuivre jusqu'au tiers de sa hauteur ; on la recouvre presque complètement d'une solution aqueuse concentrée d'ammoniaque et on ferme par un bouchon traversé : 1° par un tube à entonnoir plongeant jusqu'au fond, 2° par un tube muni d'un robinet. On

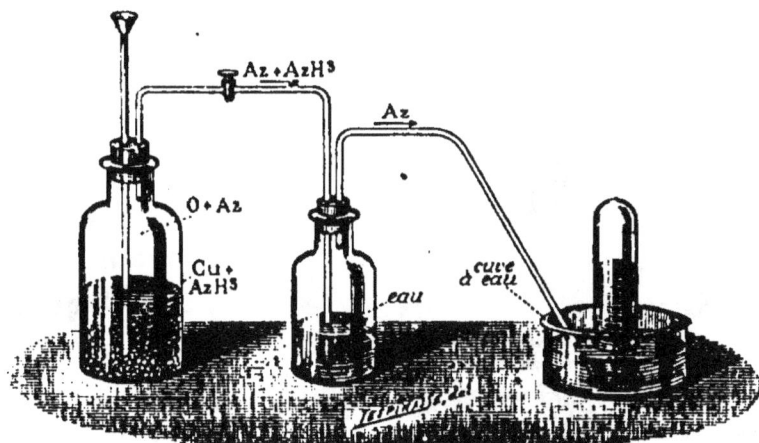

Fig. 36. — Extraction de l'azote de l'air par le cuivre
et l'ammoniaque.

abandonne l'appareil pendant une journée en ayant soin d'agiter à plusieurs reprises. La solution ammoniacale bleuit en absorbant l'oxygène du flacon. Pour déplacer l'azote atmosphérique restant, on verse de l'eau bouillie par l'entonnoir : le gaz traverse un laveur à eau qui arrête l'ammoniaque entraînée.

126. Extraction de l'azote de l'air par le cuivre seul. — Le cuivre chauffé au rouge, absorbe l'oxygène de l'air et se transforme en oxyde de cuivre

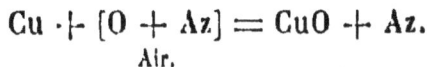

$$Cu + [O + Az] = CuO + Az.$$
$$\text{Air.}$$

L'air sortant d'un grand flacon où l'on fait couler de l'eau, traverse successivement un laveur à potasse qui lui enlève son acide carbonique, un tube à ponce sulfurique qui retient l'humidité et un tube en verre rempli de tournure de cuivre qui est portée à la température du rouge sur une grille à gaz. L'azote atmosphérique est recueilli dans des éprouvettes sur la cuve à eau. Afin que le cuivre puisse absorber la totalité de l'oxygène, on règle la vitesse du courant d'air de façon qu'il en

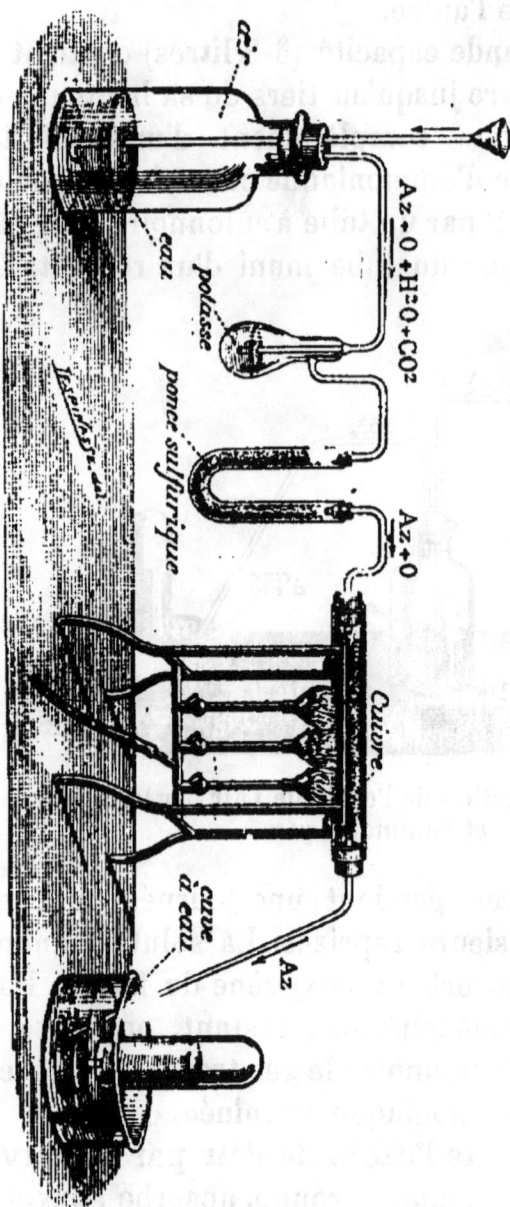

Fig. 37. — Extraction de l'azote de l'air par le cuivre au rouge.

passe une bulle par seconde au travers de la solution de potasse.

127. Propriétés physiques. — L'azote est un gaz

incolore, inodore, un peu plus léger que l'air, sa densité est de 0,967. Par conséquent 1 litre d'azote pris à 0° et à 760 millimètres pèse $0,967 \times 1^{gr},293 = 1^{gr},250$. Il se liquéfie à — 194° sous la pression d'une atmosphère, et on le solidifie sous forme d'une masse neigeuse, en abaissant sa température au-dessous de — 200°.

Comme tous les gaz difficilement liquéfiables, il est extrêmement peu soluble dans l'eau qui n'en dissout à 0° que $\frac{2}{100}$ de son volume.

128. Propriétés chimiques. — L'azote ne s'unit directement qu'à un petit nombre de corps simples, en particulier avec l'oxygène, le calcium, le magnésium.

En faisant passer des étincelles d'une bobi "induction dans un mélange d'azote et d'oxygène s.. on voit se produire des vapeurs rouges de peroxyde d'azote.

$$2Az + 4O = Az^2O^4.$$

Sous l'influence de températures de 400° à 500°, le calcium, le magnésium absorbent l'azote et se transforment en azotures cristallisés Az^2Ca^3 et Az^2Mg^3, corps qui dégagent de l'ammoniaque quand on les traite par l'eau.

Argon A

Poids atomique : $A = 40$

129. État naturel. — L'argon se trouve dans l'air, de plus il se dégage de certaines eaux minérales.

130. Préparation. — Deux procédés ont été employés pour extraire l'argon de l'air.

I. L'air, privé d'acide carbonique et de vapeur d'eau, est soumis à l'action des étincelles d'induction, en présence d'une solution de potasse. L'azote se combine à l'oxygène pour donner du peróxyde d'azote Az^2O^1 (§ 128) qui se dissout immédiatement dans l'alcali. Par des additions successives d'oxygène et le passage répété des étincelles, on arrive à faire disparaître la totalité de l'azote. L'excès d'oxygène introduit est à son tour absorbé et il reste de l'argon.

II. L'air est privé d'acide carbonique, de vapeur d'eau et d'oxygène, et le gaz restant est ce que l'on appelle l'azote atmosphérique (§ 124).

On lui enlève son azote, en le faisant circuler dans plusieurs tubes en fer, chauffés au rouge et contenant, soit de la tournure de magnésium, soit un mélange de poudre de magnésium et de chaux vive.

On élimine les dernières traces d'azote par le calcium, métal qui a également la propriété de fixer l'hydrogène provenant de l'humidité introduite pendant les manipulations.

131. Propriétés. — L'argon est un gaz incolore, inodore, plus lourd que l'air; sa densité par rapport à ce gaz est de 1, 38 à 0°. Son point de liquéfaction sous la pression de 1 atmosphère est de — 187°; il est donc compris entre les points de liquéfaction de l'oxygène (— 183°) et de l'azote (— 194°).

Il a la même solubilité dans l'eau que l'oxygène, soit $\frac{4}{100}$ du volume de ce liquide.

Air atmosphérique

132. L'air atmosphérique est un mélange de gaz : deux d'entre eux, l'azote et l'oxygène, en constituent la masse principale; les autres, l'argon, l'acide carbonique, la vapeur d'eau, etc., sont en quantités beaucoup plus faibles.

133. **Dosage de l'azote et de l'oxygène.** — Ce dosage s'effectue par des mesures de volumes ou par des pesées.

Dans toutes les méthodes d'analyse en volumes, on mesure un volume déterminé d'air, puis on absorbe l'oxygène, et on lit le volume du gaz restant que l'on considère comme azote. Comme l'on opère sur des volumes très faibles d'air, on peut négliger la vapeur d'eau, l'acide carbonique et les gaz inertes (argon, etc.).

Un grand nombre de corps absorbent facilement l'oxygène, mais tous ne conviennent pas pour l'analyse. Comme absorbants, on a pris le mercure, le phosphore, l'hydrogène.

a) ANALYSE AU MOYEN DU MERCURE. — Cette analyse, faite par Lavoisier, en 1775, permit d'établir pour la première fois que l'air est formé de deux gaz, l'oxygène et l'azote.

Le mercure était placé dans un ballon de verre dont le col très long, deux fois recourbé, s'ouvrait dans la moitié supérieure d'une cloche contenant de l'air et renversée sur la cuve à mercure.

Le mercure du ballon était chauffé pendant douze jours à 350°, c'est-à-dire à quelques degrés au-dessous de son point d'ébullition. Pendant les sept à huit premiers jours, le métal se recouvrait de pellicules rouges, constituées par de l'oxyde de mercure. Après refroidissement, on constatait : 1° que le volume de

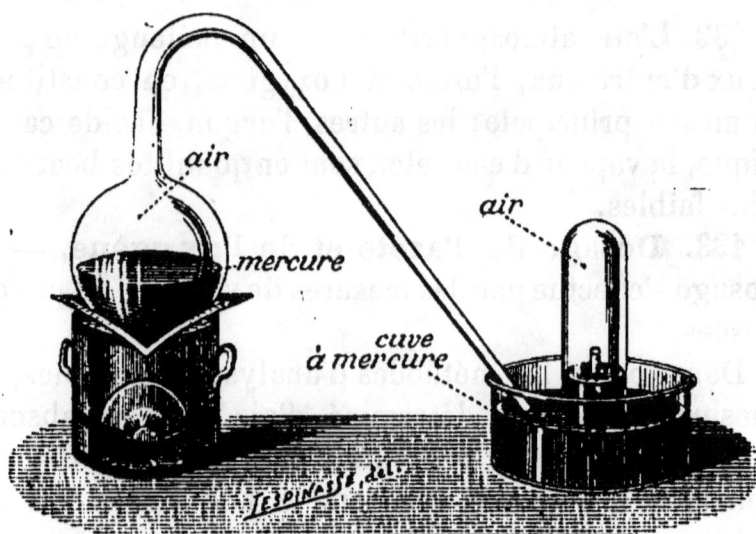

Fig. 38. — Analyse de l'air au moyen du mercure.

l'air contenu dans tout l'appareil avait diminué de près de $\frac{1}{5}$; 2° que le gaz restant était impropre à la respiration et à la combustion, qu'il possédait les propriétés de l'azote ; 3° que l'oxyde rouge de mercure recueilli se décomposait par la chaleur et donnait de l'oxygène dont le volume était égal à celui du gaz disparu. De plus, cet oxygène mélangé à l'azote restant dans l'appareil constituait un gaz ayant toutes les propriétés de l'air.

b) ANALYSE PAR LE PHOSPHORE. — Une cloche graduée reposant sur le mercure contient un volume connu d'air et un long bâton de phosphore humide. On voit apparaître des fumées blanches provenant de l'absorption de l'oxygène par le phosphore. Au bout d'une journée, tout l'oxygène est enlevé; on mesure le volume du gaz restant qui est l'azote.

c) ANALYSE PAR L'HYDROGÈNE OU MÉTHODE EUDIOMÉTRIQUE. — Dans un eudiomètre à mercure (§ 17) on introduit 100 volumes d'air dépouillé de son acide carbonique et 100 volumes d'hydrogène. On fait passer l'étincelle électrique : l'hydrogène se combine à l'oxygène de l'air et après refroidissement, on constate

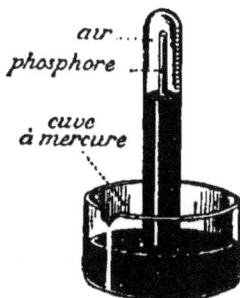

Fig. 39. — Analyse de l'air par le phosphore.

qu'il ne reste plus que 137 volumes de gaz. Donc 200 — 137 ou 63 volumes de gaz ont disparu pour former de l'eau qui se condense rapidement et dont le volume est négligeable à la température ordinaire par rapport à celui des gaz qui lui ont donné naissance.

Or, sur 3 volumes de gaz (2 H + 1O) qui forment de l'eau, il y a 1 volume d'oxygène; par conséquent, sur 63 volumes de gaz (H + O), il y aura $\frac{63}{3} = 21$ volumes d'oxygène. Ainsi *dans 100 volumes d'air, il y en a 21 d'oxygène*, et non une quantité plus forte, puisqu'il reste un grand excès d'hydrogène.

Toutes les méthodes d'analyse de l'air en volume offrent l'inconvénient d'opérer sur des quantités faibles de gaz, et fournissent des résultats qui ne sont pas très exacts.

d) ANALYSE DE L'AIR EN POIDS. — Le principe de cette méthode qui a été appliquée par Dumas et Boussingault en 1841 est le suivant : On fait passer de l'air privé de son acide carbonique et de sa vapeur d'eau sur du cuivre porté à la température du rouge. Ce métal absorbe l'oxygène et se transforme en oxyde de cuivre noir.

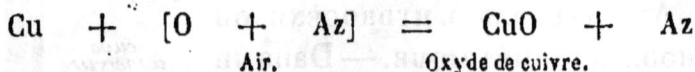

$$Cu \; + \; [O \; + \; Az] \; = \; CuO \; + \; Az$$
Air.   Oxyde de cuivre.

L'augmentation de poids du cuivre indique le poids de l'oxygène; l'azote se rend avec les gaz inertes de l'air dans un grand ballon où l'on a fait le vide. Son augmentation de poids donne la quantité d'azote atmosphérique.

Rappelons que la préparation ordinaire de ce gaz (§ 126) repose sur le même principe que la méthode de Dumas et Boussingault.

Description de l'appareil. — L'appareil comprend : 1° des tubes à potasse destinés à absorber l'acide carbonique; 2° des tubes contenant de l'acide sulfurique et de la ponce imbibée de cet acide qui retiennent l'eau; 3° un tube en verre rempli de tournure de cuivre; 4° un ballon d'une grande capacité, 12 à 15 litres par exemple.

Marche de l'expérience. — On fait le vide dans le ballon et dans le tube à cuivre, on les pèse séparément, puis on ajuste les diverses parties de l'appareil. Après avoir porté le cuivre au rouge, on ouvre successivement les robinets r_1, r_2, r_3, ce qui détermine un appel de l'air extérieur. Celui-ci en traversant les tubes se dépouille de son acide carbonique, de sa vapeur d'eau et de son oxygène.

Les robinets doivent être ouverts de telle façon qu'il passe une bulle d'air par seconde dans les tubes de

Liebig. L'expérience est terminée quand l'air ne rentre plus ; il doit rester une certaine quantité de cuivre inaltéré dans le tube horizontal du côté du ballon, pour être certain que tout l'oxygène a été absorbé.

On ferme les robinets, on laisse refroidir et on pèse. Soient P grammes l'augmentation de poids du ballon rempli d'azote atmosphérique, et p grammes l'accroissement de poids du tube à cuivre.

p grammes est la somme des poids de l'oxygène fixé par le cuivre, et de l'azote qui forme

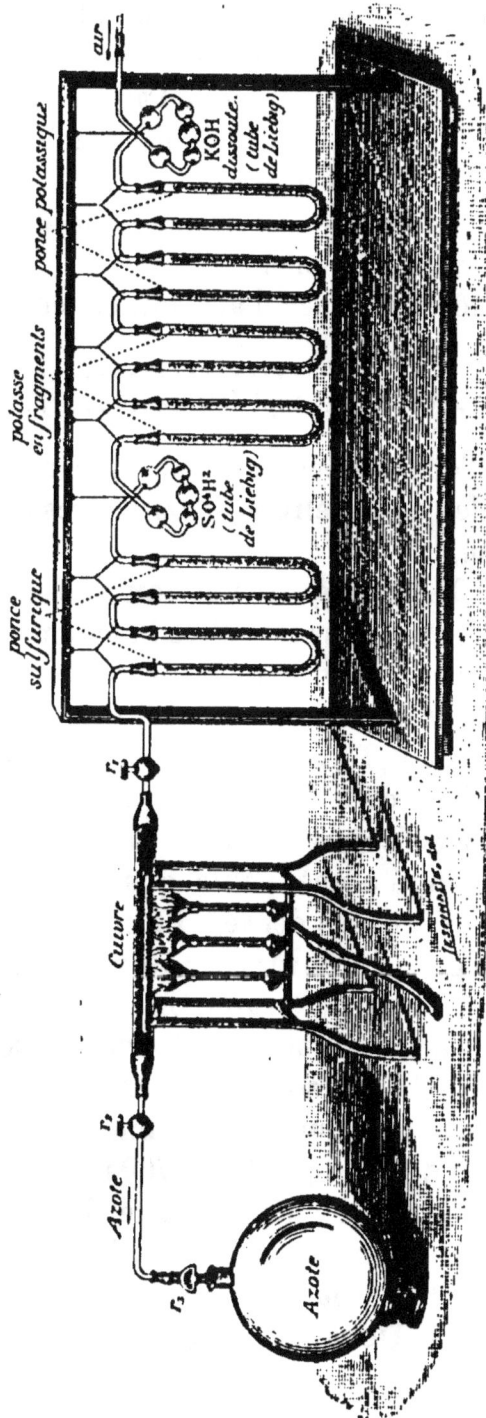

Fig. 40. — Analyse de l'air par le cuivre.

l'atmosphère du tube. On fait le vide dans ce dernier, et on le pèse à nouveau, soit p' la perte de poids, résultant de l'élimination de l'azote.

Par suite : le poids de l'azote est $P + p'$; celui de l'oxygène est $p - p'$.

Résultats. — Cette méthode d'analyse a conduit au résultat suivant :

100 grammes d'air contiennent :

Oxygène...................... 23 grammes
. Azote atmosphérique.......... 77 grammes

Tous les échantillons d'air recueillis pour des altitudes de 0 mètre à 7.000 mètres ont la même comp··i-tion.

134. Dosage de l'argon et des autres gaz inertes. — L'azote pur extrait de l'ammoniaque, des sels ammoniacaux et des matières organiques azotées a une densité de 0,967 ; l'azote extrait directement de l'air a une densité de 0,972.

C'est cette différence qui a fait supposer *que l'azote atmosphérique* n'est pas de l'azote pur, mais qu'il est mélangé à une petite quantité de gaz dont quelques-uns sont plus denses. Le plus abondant de ces gaz est l'argon, découvert par Rayleigh et Ramsay en 1894.

Pour doser l'argon, on fait usage de la méthode de préparation qui a été décrite (§ 130, II).

Quelle que soit la provenance de l'air analysé, 100 volumes de celui-ci contiennent 0,93 d'argon (soit donc près de 1 0/0) à 0° et à 760 millimètres.

L'argon est accompagné dans l'air par d'autres gaz inertes, l'hélium, le néon, le krypton et le xénon qui y ont été découverts de 1895 à 1898.

135. Dosage de l'acide carbonique. — L'air contient de l'acide carbonique. Pour le prouver, il suffit d'exposer à l'air pendant quelques heures, un vase large et peu profond renfermant une solution de chaux dans l'eau. Ce liquide, appelé *eau de chaux* est au début limpide; il se recouvre peu à peu d'une pellicule blanche qui est du *carbonate de calcium*, et qui résulte de la combinaison de la chaux avec l'acide carbonique.

Le dosage de ce gaz s'effectue en faisant passer un volume connu d'air, préalablement desséché dans les tubes contenant de la potasse; l'accroissement de leur poids indique la quantité d'acide carbonique contenu dans l'air.

La proportion d'acide carbonique existant dans l'atmosphère est variable, mais toujours très faible : elle est de 3 à 6 litres pour 10.000 litres d'air.

136. Dosage de la vapeur d'eau. — L'atmosphère renferme une quantité de vapeur d'eau, variable avec l'altitude, la température, la situation géographique.

On constate sa présence, en abandonnant pendant quelques instants un vase refroidi au voisinage de 0° : il se recouvre de gouttelettes d'eau, même de neige si la température s'abaisse suffisamment.

Le dosage s'effectue en faisant passer un volume déterminé d'air dans une série de tubes contenant de l'acide sulfurique : l'accroissement de leur poids donne la quantité pondérale de vapeur d'eau contenue dans cet air.

Le poids de la vapeur d'eau varie depuis quelques décigrammes à 40 grammes par mètre cube d'air.

137. Résumé. — Si l'on néglige les gaz qui sont dans l'air soit en quantités extrêmement faibles, soit en quantités variables, les analyses ont conduit aux résultats suivants :

	Composition en poids.	Composition en volumes.
Azote....	75^{gr},5	78^{lit},07
Oxygène .	23^{gr},2	21^{lit},00
Argon....	1^{gr},3	0^{lit},93
	100 gr. d'air	100 lit. d'air

Comme 21 est voisin de 20 ou $\dfrac{100}{5}$, on dit *que l'air renferme approximativement le cinquième de son volume d'oxygène.*

Voici un tableau résumant les proportions des autres gaz de l'air.

Gaz en quantités constantes et très faibles

Hydrogène............ $\dfrac{1}{10.000}$,

Néon................. $\dfrac{1}{40.000}$.

Hélium....
Krypton... } moins de $\dfrac{1}{1.000.000}$ chacun.
Xénon.....

Gaz en quantités variables

Acide carbonique.... 3 à 6 litres pour 10.000 litres d'air.

Ozone.
Ammoniaque.
Vapeur d'eau.

138. Propriétés physiques. — 1 litre d'air sec, mesuré à 0° et sous 760^{mm} de pression pèse 1^{gr},293, et comme 1 litre d'eau à 4° pèse 1.000 grammes, il en résulte que l'air est 773 fois plus léger que l'eau, autrement dit que sa densité par rapport à l'eau à 4° est de $\dfrac{1}{773}$.

Refroidi à une très basse température, l'air devient liquide, et par évaporation rapide de celui-ci sous pression diminuée, on obtient de l'air solide.

L'air liquide est conservé dans des vases à double enveloppe dans laquelle on a fait le vide, et que l'on entoure eux-mêmes de feutre.

Par son évaporation lente, les différents éléments de l'air qui sont inégalement volatils, distillent successivement. Voici le tableau de quelques constantes relatives aux gaz de l'air.

	Poids atomique.	Densité par rapport à l'air.		Points d'ébullition sous la pression de 1 atmosphère.
Hydrogène.	1	0,069		— 252°
Hélium....	4	0,13	au-dessous de	— 250°
Néon......	20	0,69	au-dessous de	— 200°
Azote......	14	0,967		— 194°
Oxygène...	16	1,105		— 183°
Argon.....	40	1,38		— 187°
Krypton...	82	»		— 152°
Xénon.....	128	»		— 110°

139. Propriétés chimiques. — *L'air est un mélange de gaz* et non une combinaison pour les raisons suivantes:

1° Les proportions d'oxygène et d'azote existant dans l'air (21 litres et 78ᴵ,07) ne constituent pas un rapport simple comme il en existe un entre les volumes de 2 gaz qui se combinent.

2° Il n'y a ni dégagement, ni absorption de chaleur quand on mélange 21 litres d'oxygène et 78ᴵ,07 d'azote, tandis qu'un phénomène calorifique accompagne toute combinaison.

3° En présence de l'eau chaque gaz s'y dissout comme s'il était seul, proportionnellement à la tension qu'il possède dans le mélange et à son coefficient de solubilité. C'est ainsi que l'air dégagé par l'eau pure aérée quand on la porte à l'ébullition contient 33 0/0 d'oxygène et 67 0/0 d'azote.

4° De même, le charbon de bois récemment éteint et mis au contact de l'air, absorbe plus d'oxygène que d'azote, *surtout aux très basses températures*.

5° Quand l'air liquéfié se vaporise lentement, l'azote qui est le plus volatil se dégage le premier. Sur cette propriété est basée une méthode de préparation de l'oxygène (§ 58, II).

6° Les propriétés chimiques de l'air sont celles de l'oxygène, qui est le gaz actif de l'atmosphère; seulement elles sont plus faibles, parce que l'oxygène y est mélangé à une quantité considérable de plusieurs autres gaz.

Combinaisons de l'azote et de l'hydrogène

On connaît diverses combinaisons de l'azote et de l'hydrogène; la plus importante est l'ammoniaque.

Ammoniaque AzH³

$$\text{Poids moléculaire} = 17 \begin{bmatrix} Az = 14 \\ 3H = 3 \end{bmatrix}$$

140. État naturel. — 1° L'ammoniaque existe en très petite quantité, soit à l'état libre, soit à l'état de sels (azotite, azotate, carbonate) dans l'air atmosphérique et dans les eaux de pluie, de rosée et de brouillard.

2° Un grand nombre de matières organiques azotées d'origine animale ou végétale, gisant à la surface du sol ou à une faible profondeur, dégagent par fermentation soit de l'ammoniaque soit du carbonate d'ammoniaque. Ces corps se produisent en particulier dans la terre végétale, dans les fumiers.

141. Préparations industrielles. — I. L'une des matières premières est l'urine formée essentiellement d'eau, de divers sels minéraux et d'*urée* (1.000 grammes d'urine humaine contiennent 20 grammes en moyenne de ce dernier corps).

L'urine abandonnée à l'air fermente, c'est-à-dire qu'une bactérie provoque l'hydratation de l'urée et sa transformation en *carbonate d'ammoniaque*.

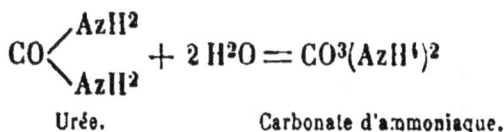

$$CO\begin{cases} AzH^2 \\ AzH^2 \end{cases} + 2\,H^2O = CO^3(AzH^4)^2$$

Urée.   Carbonate d'ammoniaque.

Les urines fermentées sont connues sous le nom d'*eaux vannes :* elles constituent une solution de carbonate d'ammoniaque mélangée aux divers sels minéraux qui existent dans les urines. On les soumet à la distillation ; il se dégage de l'ammoniaque et du carbonate d'ammoniaque. Ce dernier chauffé avec de la chaux cède du gaz ammoniac.

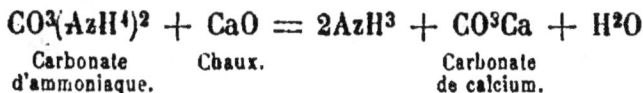

$$CO^3(AzH^4)^2 + CaO = 2AzH^3 + CO^3Ca + H^2O$$

Carbonate   Chaux.   Carbonate
d'ammoniaque.   de calcium.

II. Une seconde matière première est la houille, charbon qui contient de 1 à 1,5 0/0 d'azote. Lorsqu'on la chauffe à 1.000° en vase clos, une partie seulement de cet azote se dégage à l'état d'ammoniaque qui se condense dans plusieurs récipients contenant de l'eau.

Le reste de l'azote se trouve à l'état libre dans le gaz d'éclairage, et à l'état combiné dans le coke et dans les composés azotés du goudron.

Pour 100 kilogrammes de houille distillée, on obtient en moyenne 200 grammes de gaz ammoniac *dissous* dans les condenseurs. Les eaux ammoniacales chauffés avec la chaux, laissent dégager leur gaz ammoniac.

142. Préparation de l'ammoniaque ordinaire et des sels ammoniacaux. — Le gaz ammoniac, produit par l'une des méthodes précédentes, est recueilli, soit dans l'eau pure refroidie, ce qui donne l'*ammoniaque ordinaire du commerce*, soit dans l'acide sulfurique, ce qui forme le *sulfate d'ammoniaque*, soit dans l'acide chlorhydrique d'où il résulte le *chlorhydrate d'ammoniaque*.

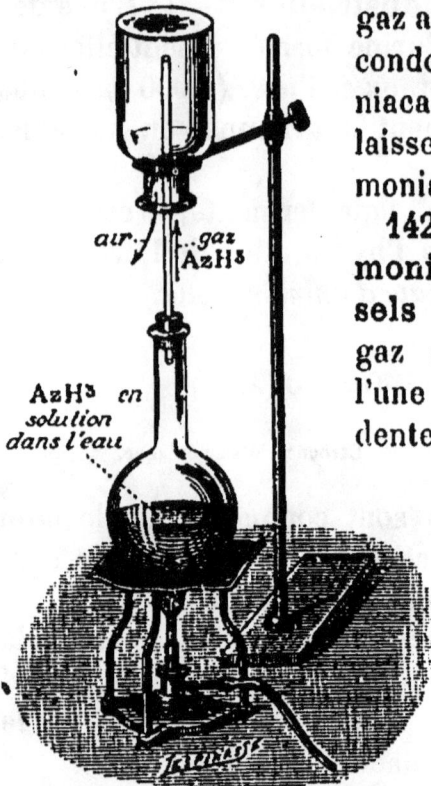

FIG. 41. — Extraction du gaz ammoniac de sa solution dans l'eau.

143. Préparations du gaz ammoniac dans les laboratoires. — I. On extrait le gaz ammoniac de sa solution aqueuse qui forme, comme il vient d'être dit, l'ammoniaque du commerce. Il suffit pour cela de la chauffer vers 60°; le gaz s'en échappe et on le recueille dans un flacon par déplacement d'air (*fig.* 41).

Pour obtenir un courant de gaz ammoniac sec, on chauffe la solution commerciale avec une petite quantité de chaux dont le rôle est de décomposer le carbonate d'ammoniaque qui se trouve parfois dans l'ammoniaque ordinaire. Le gaz est desséché sur la chaux vive.

II. On traite le chlorhydrate ou le sulfate d'ammoniaque par la chaux vive.

$$2AzH^4Cl + CaO = 2AzH^3 + CaCl^2 + H^2O$$

Chlorhydrate   Chaux vive.   Chlorure
d'ammoniaque.   de calcium.

$$SO^4(AzH^4)^2 + CaO = 2AzH^3 + SO^4Ca + H^2O$$

Sulfate d'ammoniaque.   Sulfate
de calcium.

Quand on pulvérise à froid dans un mortier l'un ou

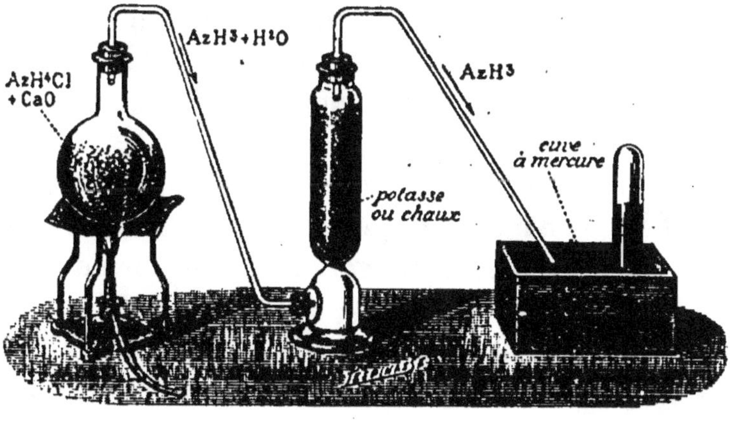

Fig. 42. — Préparation du gaz ammoniac par le chlorhydrate d'ammoniaque et la chaux.

l'autre de ces sels ammoniacaux avec de la chaux, il

se produit du gaz ammoniac dont on perçoit l'odeur. Mais pour en accélérer le dégagement, il convient de chauffer un peu.

On introduit dans un ballon un mélange pulvérisé de chlorhydrate d'ammoniaque et de chaux et on achève de remplir avec des fragments de chaux vive, destinés à absorber l'eau formée dans la réaction.

En chauffant légèrement, le gaz ammoniac se dégage ; il se dessèche complètement sur de la potasse ou de la chaux, contenue dans une éprouvette à pied, et on le recueille soit dans des éprouvettes préalablement remplies de mercure, soit dans un flacon sec dont l'orifice est tourné vers le bas. Le gaz ammoniac, étant plus léger que l'air, s'élève à la partie supérieure du flacon, se substituant à l'air qui s'écoule par l'ouverture.

REMARQUE SUR LES MATIÈRES DESSÉCHANTES DU GAZ AMMONIAC. — L'acide sulfurique et le chlorure de calcium qui se combinent au gaz ammoniac ne peuvent pas être utilisés pour le dessécher. Il faut employer soit un *oxyde*, corps qui a la même fonction chimique que l'ammoniaque, par exemple la chaux vive, la potasse ou la soude préalablement fondues, soit encore du sodium en fil.

144. Propriétés physiques. — Le gaz ammoniac se liquéfie à — 34° sous la pression d'une atmosphère ; refroidi encore plus, il se solidifie sous forme d'une masse blanche, peu odorante qui fond à — 75°.

Sa densité à l'état gazeux est de 0, 59 à 0°. Par suite 1 litre de gaz ammoniac à 0° et à 760 millimètres pèse

$$0,59 \times 1^{gr},293 = 0^{gr},763.$$

C'est le gaz le plus soluble dans l'eau que l'on connaisse. 1 litre d'eau en dissout, à 0°, 1.030 litres et seulement un volume moitié, 525 litres vers 25°. A 70°, il n'y en a plus que des traces (§ 143, I). Cette eau ammoniacale est d'autant plus légère qu'elle contient plus d'ammoniaque.

L'absorption rapide du gaz ammoniac par l'eau est mise en évidence par les expériences suivantes :

1° Un flacon rempli de gaz ammoniac est fermé par un bouchon que traverse un tube de verre, ouvert à une extrémité, fermé à l'autre A. On plonge celle-ci dans l'eau et on l'ouvre : le liquide jaillit dans le flacon et le remplit entièrement. Si l'on remplace l'eau pure par une solution de tournesol rougie à l'aide d'un acide, elle se colore en bleu dès qu'elle arrive dans le flacon.

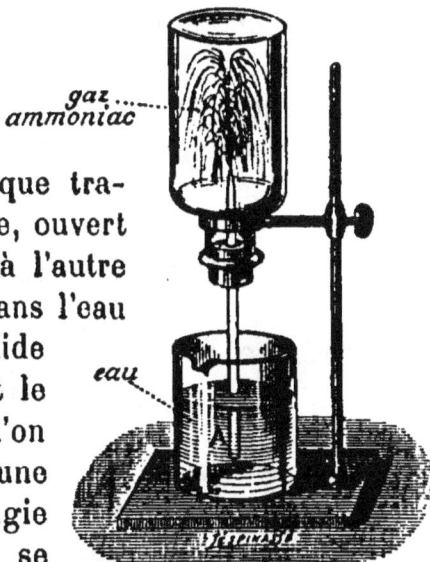

FIG. 43. — Jet d'eau dans le gaz ammoniac.

2° Une éprouvette pleine de gaz ammoniac repose sur une soucoupe renfermant un peu de mercure. On transporte le tout au fond d'un vase rempli d'eau et on soulève l'éprouvette : l'eau s'y précipite, dissout instantanément le gaz et vient frapper le sommet de l'éprouvette qui peut se briser.

L'absorption du gaz ammoniac par l'eau dégage de la chaleur : c'est ainsi qu'un fragment de glace introduit dans une éprouvette contenant ce gaz sur la cuve à mercure fond rapidement.

Une série prolongée d'étincelles d'induction décompose le gaz ammoniac et *son volume devient double*, autrement dit 2 volumes de gaz AzH^3 fournissent 4 volumes du mélange $Az + H$.

Les températures supérieures à 1.000° amènent une décomposition semblable.

145. Propriétés chimiques. — *L'ammoniaque est décomposée par les métalloïdes avides d'hydrogène*, par conséquent par le fluor, le chlore, le brome, l'oxygène. On a vu l'action du chlore (§ 34), qui donne naissance à l'azote (c'est une préparation de ce corps, § 123, $\bar{a}$) et au chlorhydrate d'ammoniaque.

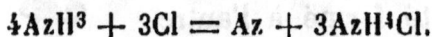

$$4AzH^3 + 3Cl = Az + 3AzH^4Cl.$$

La réaction a lieu à la température ordinaire, quel que soit l'état physique des deux corps.

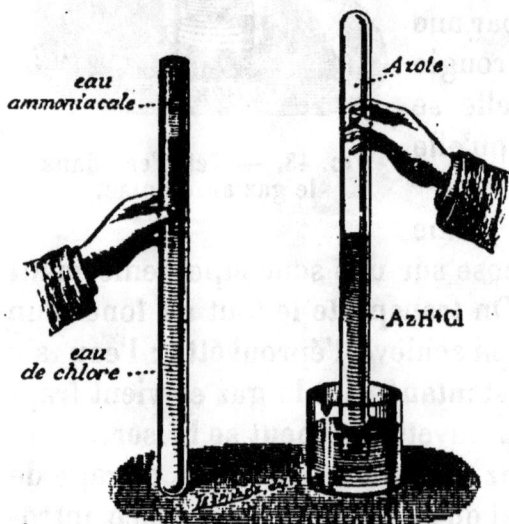

eau ammoniacale

eau de chlore

Azote

AzH⁴Cl

Fig. 44. — Action du chlore sur l'ammoniaque.

a) Le gaz ammoniac s'enflamme immédiatement dès qu'il arrive dans un flacon plein de chlore gazeux.

b) Chaque bulle de chlore gazeux produit une sorte d'éclair en pénétrant dans une solution aqueuse et concentrée d'ammoniaque.

c) Les deux corps sont dissous dans l'eau. Un tube de verre long de

1 mètre, fermé à une extrémité, est rempli aux $\frac{9}{10}$ d'eau de chlore. On achève de le remplir avec une solution d'ammoniaque, on le bouche avec le doigt et on le retourne. L'eau ammoniacale plus légère monte au travers de l'eau de chlore, et les deux corps réagissent en donnant lieu à des bulles d'azote qui s'élèvent au sommet du tube.

146. Action de l'oxygène. — L'oxygène réagit sur l'ammoniaque, mais les produits de la réaction diffèrent suivant les conditions de l'expérience.

L'oxygène *seul* n'agit qu'au rouge, et en se combinant à l'hydrogène, met l'azote en liberté

$$2AzH^3 + 3O = 3H^2O + 2Az.$$

Cette *combustion de l'ammoniaque* peut être réalisée de la manière suivante :

a) On fait un mélange de 4 volumes de gaz ammoniac et de trois volumes d'oxygène, on en approche une bougie enflammée ou bien on y fait éclater des étincelles électriques. La combinaison est accompagnée d'une détonation.

b) Le gaz ammoniac se dégage dans un flacon plein de gaz oxygène par un tube dont l'extrémité inférieure est recourbée ; on a touché celle-ci au début avec une mèche enflammée pour provoquer la combustion.

Le gaz *ammoniac peut ainsi brûler dans l'oxygène pur, mais il ne peut s'enflammer dans l'air atmosphérique.*

L'oxydation de l'ammoniaque par l'oxygène ou même par l'air s'effectue à des températures peu élevées en présence du platine ou du cuivre.

Un courant d'oxygène traverse une solution aqueuse concentrée d'ammoniaque et entraîne une partie du gaz qui y était dissous. Leur mélange passe dans un tube contenant de la mousse de platine légèrement chauffée. Un papier bleu de tournesol présenté à l'orifice effilé du tube est rougi par les vapeurs d'acide azotique qui a pris naissance (*fig.* 45).

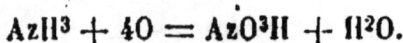

$$AzH^3 + 4O = AzO^3H + H^2O.$$

L'ammoniaque, au contact du cuivre, fixe dès la température ordinaire l'oxygène de l'air.

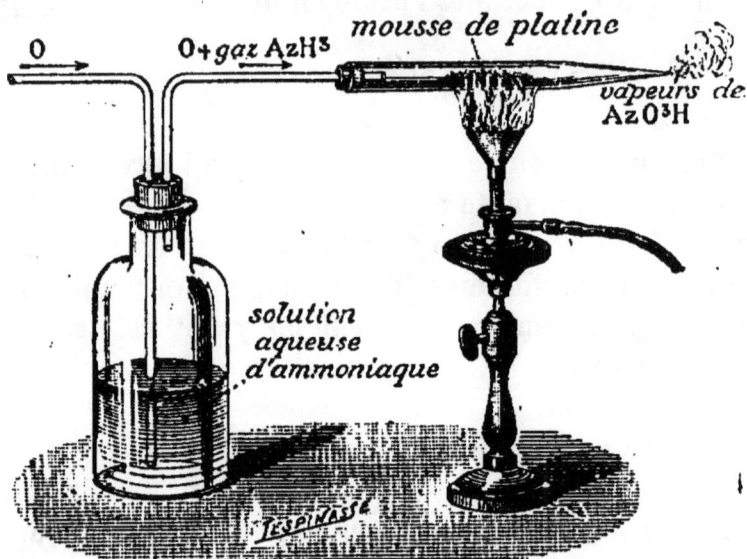

FIG. 45. — Oxydation de l'ammoniaque en présence de la mousse de platine.

L'un des dispositifs employés pour cette réaction permet d'extraire l'azote de l'air (§ 125).

En voici un autre. On verse de l'ammoniaque ordinaire sur de la tournure de cuivre placée dans un entonnoir ; le liquide prend une teinte bleue qui s'accuse par des passages successifs. On obtient ainsi le réactif *de Schweitzer*, d'un bleu très foncé qui est capable de dissoudre la cellulose du coton.

147. Action sur les acides. — L'ammoniaque est une *base*, c'est-à-dire un corps qui réagit sur les acides pour donner des sels que l'on appelle *sels d'ammoniaque* ou sels d'*ammonium*. L'ammoniaque et l'acide chlorhydrique, pris à l'état gazeux ou en solutions s'unissent directement pour donner le *chlorhydrate d'ammoniaque ou chlorure d'ammonium*.

$$AzH^3 + HCl = AzH^3HCl \quad \text{ou} \quad AzH^4Cl.$$

L'ammoniaque est absorbée par l'acide sulfurique, et il en résulte le *sulfate d'ammoniaque* ou sulfate d'*ammonium*.

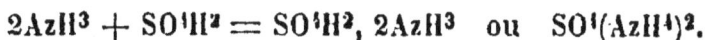

$$2AzH^3 + SO^4H^2 = SO^4H^2, 2AzH^3 \quad \text{ou} \quad SO^4(AzH^4)^2.$$

Elle est semblablement absorbée par l'acide azotique, et il se fait l'*azotate d'ammoniaque* ou azotate d'*ammonium*.

$$AzH^3 + AzO^3H = AzO^3H, AzH^3 = AzO^3(AzH^4).$$

Le gaz acide carbonique CO^2 arrivant dans une solution aqueuse d'ammoniaque produit le *bicarbonate d'ammoniaque*.

$$CO^2 + AzH^3 + H^2O = CO^3H(AzH^4).$$

148. Caractères distinctifs. — L'ammoniaque (gazeuse ou en solution) se reconnaît : 1° à son odeur ; 2° à ce qu'elle bleuit le papier de tournesol ; 3° aux fumées blanches de chlorhydrate d'ammoniaque qu'elle forme en présence de l'acide chlorhydrique.

149. Propriétés physiologiques. — L'ammoniaque a une odeur pénétrante, une saveur brûlante ; elle rubéfie la peau et les muqueuses, et détermine une abondante sécrétion des larmes.

150. Applications. — L'ammoniaque sert :

1° A préparer le carbonate de soude par le procédé Solvay ;

2° A former divers sels dont il sera question plus loin (§ 151) ;

3° A dégraisser les laines ;

4° Comme source de froid, et en particulier à transformer de l'eau liquide en glace. Le procédé Carré emploie une solution saturée d'ammoniaque dans l'eau qui, chauffée en vase clos jusqu'à 130°, perd tout son gaz AzH^3. Celui-ci vient s'accumuler dans un récipient et s'y liquéfie. Sa vaporisation ultérieure absorbe de la chaleur, et la température s'abaisse suffisamment pour congeler de l'eau qui serait placée au centre du récipient ;

5° Pour cautériser les piqûres d'insectes, pour combattre les effets de l'ivresse alcoolique (absorption de quelques gouttes seulement), pour faire disparaître le *météorisme* des bestiaux, c'est-à-dire le ballonnement du tube digestif causé par la présence d'une grande quantité d'acide carbonique et d'acide sulfhydrique.

151. Principaux usages des sels ammoniacaux. — On a vu la préparation de quelques-uns de ces sels (§ 142).

Le *sulfate d'ammoniaque* est employé comme engrais azoté : c'est même le produit le plus riche en azote qu'utilise l'agriculture.

La formule $SO^4 (AzH^4)^2$ montre que son poids moléculaire est 132 [$S = 32$; $4O = 64$; $2Az = 28$; $8H = 8$] par conséquent, dans 132 grammes de ce sel, il y a 28 grammes d'azote, ce qui fait une teneur de 21 0/0 en azote.

Le *chlorhydrate d'ammoniaque* AzH^4Cl, appelé *sel ammoniac*, est utilisé dans la soudure des métaux : son rôle est de décaper les surfaces métalliques mises en contact, c'est-à-dire de leur enlever toute trace d'oxyde.

CHAPITRE VII

Combinaisons de l'azote avec l'oxygène

152. Ces combinaisons sont nombreuses, voici les plus importantes :

Protoxyde d'azote ou oxyde azoteux Az^2O ;

Bioxyde d'azote ou oxyde azotique Az^2O^2 ou AzO ;

Peroxyde d'azote Az^2O^4 ;

Acide azoteux ou nitreux AzO^2H ;

Acide azotique ou nitrique AzO^3H.

Protoxyde d'azote Az^2O

$$\text{Poids moléculaire} = 44 \begin{bmatrix} 2Az = 28 \\ O = 16 \end{bmatrix}$$

153. Préparation. — Le protoxyde d'azote s'obtient par la décomposition de l'azotate d'ammoniaque entre 200° et 250°.

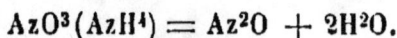

$$AzO^3(AzH^4) = Az^2O + 2H^2O.$$

154. Propriétés physiques. — Le protoxyde d'azote est un gaz incolore, inodore, plus lourd que l'air ; sa densité à 0° est de 1,53. Il est un peu soluble dans l'eau qui en dissout un volume égal au sien vers 7°. Il se liquéfie à — 88° sous la pression atmosphérique; ce liquide, évaporé rapidement dans le vide ou à l'aide d'un courant d'air, se solidifie en une masse ayant l'aspect de la neige.

155. Propriétés chimiques. — *L'oxyde azoteux est un oxydant; il cède de l'oxygène aux corps qui se combinent directement à ce gaz*, toutefois, ce n'est jamais aux températures ordinaires. Pour produire la combustion du soufre, du phosphore, du carbone dans le protoxyde d'azote, il faut d'abord les enflammer. Les produits d'oxydation sont les mêmes qu'avec l'oxygène pur comme le montre le tableau suivant :

Combustion du soufre :

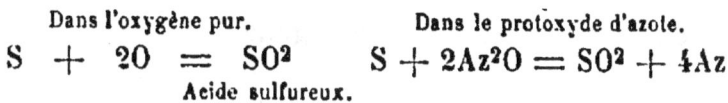

Dans l'oxygène pur.

$$S + 2O = SO^2$$

Acide sulfureux.

Dans le protoxyde d'azote.

$$S + 2Az^2O = SO^2 + 4Az$$

Combustion du phosphore :

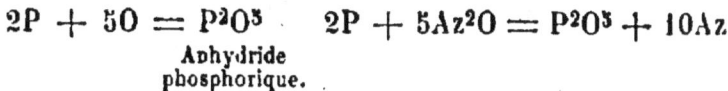

$$2P + 5O = P^2O^5 \qquad 2P + 5Az^2O = P^2O^5 + 10Az$$

Anhydride phosphorique.

Combustion du carbone :

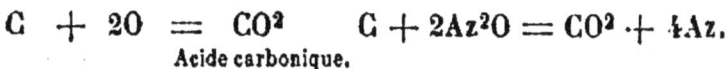

$$C + 2O = CO^2 \qquad C + 2Az^2O = CO^2 + 4Az.$$

Acide carbonique.

Une allumette présentant quelques points en ignition est rallumée par le protoxyde d'azote comme par l'oxygène.

156. Applications. — 1° Le protoxyde d'azote est un anesthésique qui a été employé, mélangé avec de l'air, pour les opérations chirurgicales de courte durée;

2° A l'état liquide, on s'en sert comme réfrigérant.

Bioxyde d'azote AzO

$$\text{Poids moléculaire} = 30 \begin{bmatrix} Az = 14 \\ O = 16 \end{bmatrix}$$

157. Préparation. — Le bioxyde d'azote se prépare ordinairement en réduisant l'acide azotique étendu d'eau par le cuivre ; il se fait en même temps de l'azotate de cuivre qui colore en bleu la liqueur dans laquelle il se dissout.

On admet que dans une première phase de la réaction il se produit de l'hydrogène.

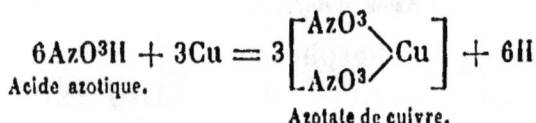

$$6AzO^3H + 3Cu = 3\begin{bmatrix} AzO^3 \\ AzO^3 \end{bmatrix}Cu + 6H$$

Acide azotique.

Azotate de cuivre.

L'hydrogène, au lieu de se dégager, réduit la partie non encore décomposée de l'acide azotique, et c'est dans cette seconde phase de la réaction que le bioxyde d'azote prend naissance.

$$6H + 2AzO^3H = 2AzO + 4H^2O).$$

En additionnant les deux égalités, on en obtient une troisième où n'entrent que les corps définitivement isolés dans la réaction

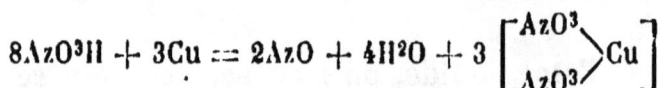

$$8AzO^3H + 3Cu = 2AzO + 4H^2O + 3\begin{bmatrix} AzO^3 \\ AzO^3 \end{bmatrix}Cu$$

La préparation s'effectuant à froid, on emploie un flacon dans lequel on introduit de la tournure de cuivre et de l'eau, puis par le tube de sûreté de l'acide azo-

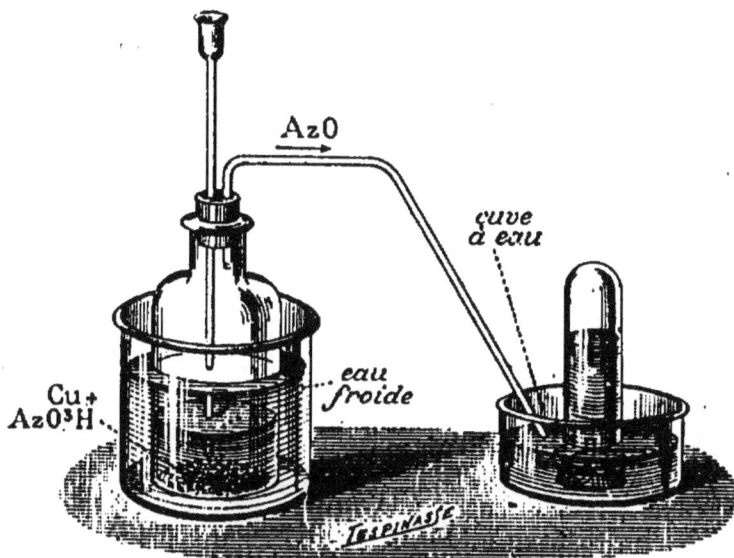

Fig. 46. — Préparation du bioxyde d'azote
par l'acide azotique et le cuivre.

tique ordinaire. Le bioxyde d'azote est recueilli dans des éprouvettes reposant sur la cuve à eau (*fig.* 46).

158. Propriétés physiques. — Le bioxyde d'azote est un gaz incolore, dont l'odeur est inconnue, parce qu'à l'air, il se transforme instantanément en peroxyde d'azote. Sa densité est très voisine de celle de l'air ($d = 1,04$). Il se liquéfie vers — 150° et ne se dissout que fort peu dans l'eau.

159. Propriétés chimiques. — La propriété fondamentale du bioxyde d'azote est *d'absorber très rapidement l'oxygène de l'air, en donnant les vapeurs rouges de peroxyde d'azote.*

$$2AzO + 2O = Az^2O^4.$$

Une éprouvette pleine de bioxyde d'azote incolore repose sur la cuve à eau : on la soulève, de manière à établir le contact de l'air, et son contenu prend instantanément la teinte rouge.

Peroxyde d'azote Az²O⁴

$$\text{Poids moléculaire} = 92 \begin{bmatrix} 2Az = 28 \\ 4O = 64 \end{bmatrix}$$

160. Préparation. — La préparation de ce corps est basée sur ce fait que tous les azotates métalliques à l'exception *des azotates de potassium, de sodium, d'ammonium et d'argent se décomposent entre* 150° *et* 250° *en donnant du peroxyde d'azote, de l'oxygène et l'oxyde anhydre du métal.* Cette réaction permet de préparer plusieurs oxydes, à l'état de pureté.

Pour obtenir le peroxyde d'azote, on choisit l'*azotate de plomb :* ce sel peut être desséché complètement, ce qui n'est pas le cas de plusieurs autres azotates.

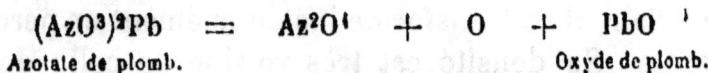

$$(AzO^3)^2 Pb \; = \; Az^2O^4 \; + \; O \; + \; PbO$$
Azotate de plomb.   Oxyde de plomb.

Les vapeurs de peroxyde d'azote sont condensées dans un récipient entouré d'un mélange réfrigérant.

161. Modes de formation. — Le peroxyde d'azote prend naissance : 1° lorsqu'on fait éclater des étincelles électriques dans un mélange d'azote et d'oxygène (§ 128) ; 2° par l'union du bioxyde d'azote et de l'oxygène, l'un et l'autre parfaitement secs (§ 159).

Suivant la température du récipient où arrivent les deux gaz, on obtient le peroxyde à l'état gazeux, à l'état liquide ou même sous forme de cristaux.

162. Propriétés physiques. — Le peroxyde d'azote est solide au-dessous de — 10°, puis liquide jusqu'à + 22°, température à laquelle il entre en ébullition. Sa couleur se fonce à mesure que la température s'élève : les cristaux sont incolores, le liquide est jaune, et les vapeurs sont rouges.

163. Propriétés chimiques. — Le peroxyde d'azote est décomposé par l'eau. Si celle-ci est ajoutée goutte à goutte à 0°, il se fait les acides azoteux et azotique

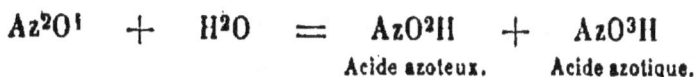

$$Az^2O^4 \quad + \quad H^2O \quad = \quad AzO^2H \quad + \quad AzO^3H$$
$$\text{Acide azoteux.} \qquad \text{Acide azotique.}$$

Les alcalis agissent à la manière de l'eau, c'est-à-dire qu'il se fait l'azotite et l'azotate du métal alcalin

$$Az^2O^4 \quad + \quad 2KOH \quad = \quad AzO^2K \quad + \quad AzO^3K \quad + \quad H^2O$$
$$\text{Potasse.} \qquad \begin{array}{c}\text{Azotite} \\ \text{de potassium.}\end{array} \quad \begin{array}{c}\text{Azotate} \\ \text{de potassium.}\end{array}$$

Cette réaction a reçu son application dans l'une des préparations de l'argon (§ 130).

164. Remarque sur le poids moléculaire et la formule du peroxyde d'azote. — Aux températures *ordinaires*, ainsi qu'au dessous de zéro degré la formule du peroxyde d'azote est Az^2O^4, son poids moléculaire est 92 ; mais aux températures plus élevées, la formule est AzO^2, le poids moléculaire est moitié moindre, soit :

$$\frac{92}{2} = 46 \ [Az = 14, \ 2O = 32].$$

Acide azotique AzO³H

Poids moléculaire $= 63 \begin{bmatrix} Az = 14 \\ 3O = 48 \\ H = 1 \end{bmatrix}$

165. État naturel. — L'acide azotique n'existe pas à l'état libre dans la nature, mais on l'y trouve à l'état d'azotates métalliques :

Azotate de sodium qui, au Chili, constitue des amas d'une grande puissance : il y est mélangé à du chlorure et à de l'iodate de sodium (c'est, on l'a vu, une source d'iode, § 53) ;

Azotate de potassium qui s'accumule à la surface du sol des pays chauds et secs (Egypte, Perse, certaines parties des Indes).

Ce même sel, mélangé aux azotates de calcium et de magnésium se trouve dans les platras, les murs des caves, des écuries — dans beaucoup de terres végétales — dans un grand nombre de plantes vertes, toutefois en proportions variables suivant les espèces.

Azotate d'ammonium dans les eaux de pluie, surtout dans les pluies d'orage.

166. Nitrification. — La nitrification est la production des azotates dans le sol, dans les platras, dans certains murs.

Elle s'effectue en trois phases :

1° Les composés organiques azotés très complexes ($C^n H^{n'} O^{n''} Az^{n'''}$) qui proviennent des végétaux et des animaux en décomposition sont transformés par des êtres inférieurs en carbonate d'ammoniaque et en ammoniaque ;

2° Une bactérie : le *ferment nitreux*, oxyde l'ammoniaque et la fait passer à l'état d'acide nitreux ou azoteux AzO^2H.

$$AzH^3 + 3O = AzO^2H + H^2O.$$

Cet acide azoteux est saturé au fur et à mesure de son apparition par les bases du sol (potasse, chaux, magnésie) et se change en azotites correspondants ; par exemple azotite de potassium AzO^2K.

Le ferment nitreux est très répandu, mais pour qu'il agisse, il faut que le sol contienne :

a) Un composé ammoniacal auquel il emprunte de l'azote ;

b) Le carbonate de calcium ou de magnésium auquel il prend du carbone.

En outre, il importe que le sol soit aéré.

Une certaine humidité, une température de 20° à 30° et la présence de sels de potassium exaltent l'activité de ce ferment.

3° Une autre bactérie, le *ferment nitrique* oxyde les azotites et les transforme en azotates ou nitrates.

$$AzO^2K \quad + \quad O \quad = \quad AzO^3K$$

Azotite de potassium.   Azotate de potassium.

De ces azotates formés dans beaucoup de terres, il se fait deux parts : l'une est absorbée par les racines des plantes, l'autre est entraînée par les eaux superficielles ou par celles du sous-sol. Effectivement des quantités considérables de nitrates sont charriées par les rivières et sont ainsi transportées à la mer.

167. Préparation de l'acide azotique dans les laboratoires. — On décompose l'azotate de potassium par l'acide sulfurique :

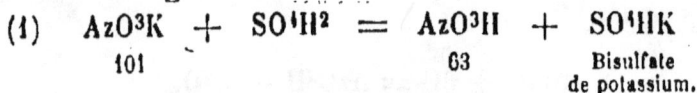

$$(1) \quad AzO^3K + SO^4H^2 = AzO^3H + SO^4HK$$

101   63   Bisulfate de potassium.

Dans une cornue en verre, de préférence munie d'une tubulure T bouchée à l'émeri, on introduit l'azotate et l'acide sulfurique. On chauffe légèrement. Au début, il apparaît des vapeurs rouges de peroxyde d'azote, provenant de la décomposition d'une petite quantité d'acide azotique ; quand elles ont disparu, on engage le col de

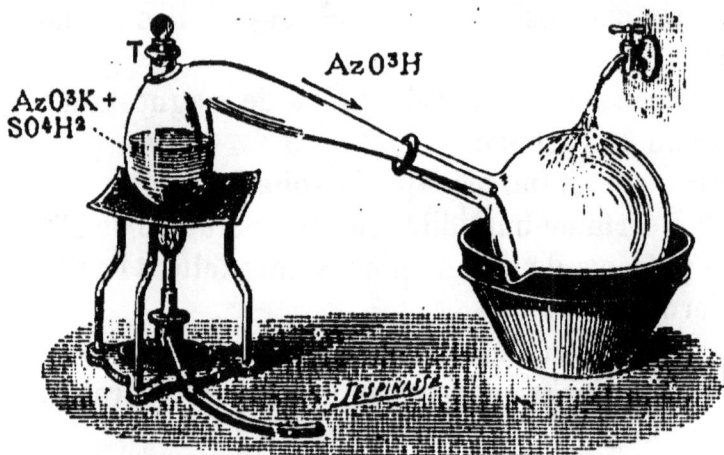

Fig. 47. — Préparation de l'acide azotique,
par l'azotate de potassium et l'acide sulfurique.

la cornue dans le col d'un ballon qui est constamment refroidi par un courant d'eau froide. Les vapeurs blanches d'acide azotique viennent s'y condenser. Si l'on veut avoir un acide incolore, il faut arrêter l'opération avant la fin de la réaction qui donne naissance à une nouvelle quantité de vapeurs rouges (*fig.* 47).

Il est à remarquer que l'appareil employé ne comporte pas de bouchons en liège ou en caoutchouc, lesquels sont attaqués par l'acide azotique.

168. Préparation industrielle. — Dans l'industrie, la matière première est l'azotate de sodium. Il offre l'inconvénient d'être impur et de contenir notamment du chlorure de sodium. Par contre, il présente deux avantages : il est d'un prix moins élevé que l'azotate de potassium, et à poids égal il produit plus d'acide azotique.

Le poids moléculaire de l'azotate de potassium est :

$$\begin{aligned}
Az &= 14 \\
O^3 &= 48 \\
K &= 39 \\
\hline
AzO^3K &= 101
\end{aligned}$$

celui de l'azotate de sodium est :

$$\begin{aligned}
Az &= 14 \\
O^3 &= 48 \\
Na &= 23 \\
\hline
AzO^3Na &= 85
\end{aligned}$$

et le poids moléculaire de l'acide azotique est 63.

Les égalités (1) et (2) montrent que 63 grammes d'acide azotique sont produits par 101 grammes d'azotate de potassium, et par 85 grammes d'azotate de sodium.

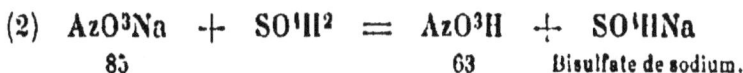

$$(2) \quad AzO^3Na + SO^4H^2 = AzO^3H + SO^4HNa$$
$$ 85 63 \quad \text{Bisulfate de sodium.}$$

La réaction s'effectue dans des cylindres en fonte, entièrement entourés par les gaz chauds du foyer, de telle sorte que la fonte soit partout au contact des *vapeurs* d'acide azotique, qui ne l'attaquent presque pas. Ces vapeurs viennent ensuite se condenser dans des bonbonnes en grès réunies en batteries par des tubes en grès.

169. Purification de l'acide azotique du commerce. — L'acide azotique du commerce contient diverses impuretés :

a) Des vapeurs rouges de peroxyde d'azote, qui lui donnent une teinte jaune, et dont on se débarrasse en faisant passer un courant d'air et en chauffant légèrement ;

b) De l'acide chlorhydrique, résultant de l'action de l'acide sulfurique sur le chlorure de sodium, impureté de l'azotate de sodium du Chili.

On le précipite à l'état de chlorure d'argent, en ajoutant à l'acide azotique commercial de l'azotate d'argent (§ 43) :

$$HCl + AzO^3Ag = AgCl + AzO^3H.$$

170. Propriétés physiques de l'acide fumant. — L'acide azotique *pur* ou *fumant*, répondant à la formule AzO^3H, possède les constantes physiques suivantes :

Point de solidification : — 47° ;

Point d'ébullition : 86° sous la pression de 760 millimètres ;

Densité à 15° = 1,52.

Les vapeurs qu'il émet aux températures ordinaires forment, au contact de l'humidité atmosphérique, des fumées blanches : d'où le nom qui lui a été donné.

ACTION DE LA LUMIÈRE. — L'acide azotique conservé en tube scellé et à l'obscurité est encore blanc au bout de plusieurs années; mais une exposition de deux heures à la lumière suffit pour lui donner une teinte jaune, due à la formation de vapeurs de peroxyde d'azote.

ACTION DE LA CHALEUR. — La chaleur provoque la même décomposition que la lumière :

$$2AzO^3H = Az^2O^4 + O + H^2O;$$

cette décomposition est déjà sensible au point d'ébullition 86°, et elle croît avec la température.

L'eau mise en liberté se mélange à la partie non décomposée de l'acide, en même temps le point d'ébullition du liquide qui distille s'élève peu à peu jusqu'à atteindre 123°.

171. Propriétés physiques de l'acide ordinaire. — L'acide azotique ordinaire est un mélange d'acide pur, AzO^3H, et d'eau (68 0/0 du premier et 32 0/0 du deuxième).

Son point d'ébullition est 123°; sa densité est 1,42.

Dans diverses opérations chimiques, on fait usage de solutions d'acide azotique contenant une plus forte proportion d'eau et, par conséquent, ayant une moindre densité. Par exemple, un acide azotique à 66 0/0 d'eau a une densité de 1,2.

La lumière n'agit pas sur les acides étendus et ne les colore pas.

172. Propriétés chimiques. — ACTION SUR LES MÉTALLOÏDES. — L'acide azotique agit sur les métalloïdes d'autant plus vivement qu'il est plus concentré : *il les oxyde.*

L'hydrogène donne de l'eau :

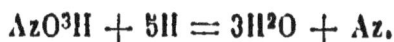

$$AzO^3H + 5H = 3H^2O + Az.$$

Cette réaction s'effectue au rouge. Elle est modifiée par la présence de la mousse de platine chauffée vers 250°; l'azote passe à l'état d'ammoniaque.

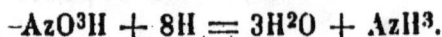

$$AzO^3H + 8H = 3H^2O + AzH^3.$$

On peut employer le dispositif suivant : l'hydrogène traverse un flacon contenant de l'acide azotique et en détermine la vaporisation. Le mélange gazeux passe sur de la mousse de platine contenue dans un tube

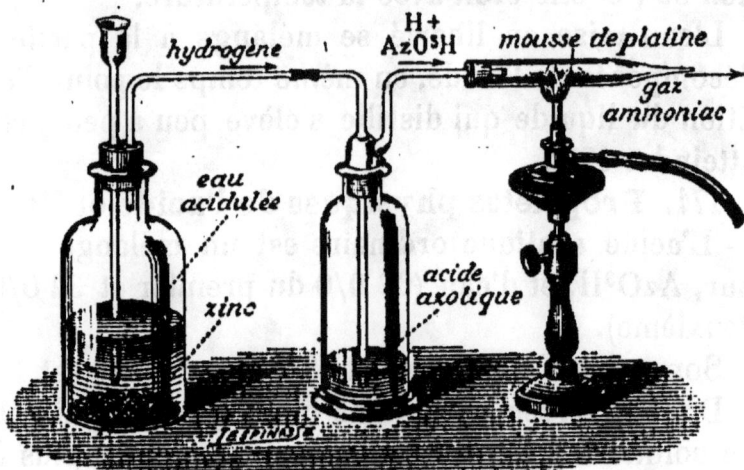

FIG. 48. — Réduction de l'acide azotique par l'hydrogène
en présence de la mousse de platine.

dont l'extrémité libre est effilée. On ne chauffe le platine qu'après que l'appareil est complètement purgé d'air. Un papier rouge de tournesol, présenté à l'ouverture du tube, devient bleu par l'effet de l'ammoniaque qui se dégage (fig. 48).

Le soufre, le phosphore, le carbone deviennent respectivement acides sulfurique, phosphorique, carbonique. La réaction est particulièrement vive entre le phosphore et l'acide azotique fumant, aussi doit-elle être faite avec précaution; elle est plus modérée et s'effectue lentement, à la température ordinaire, avec l'acide azotique étendu d'eau.

173. Action sur les métaux. — L'acide fumant et un acide étendu d'eau n'agissent généralement pas de la même façon.

a) ACIDE ORDINAIRE. — *L'acide azotique ordinaire attaque tous les métaux, sauf l'or et le platine*, et cela dès la température de 10°. Il en résulte l'azotate du métal, de l'eau, et un mélange de trois gaz : bioxyde d'azote, protoxyde d'azote et azote, avec prédominance de l'un ou de l'autre, suivant la nature du métal et la température de la réaction.

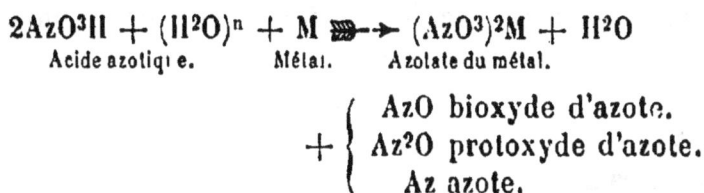

$$2AzO^3H + (H^2O)^n + M \longrightarrow (AzO^3)^2M + H^2O$$

Acide azotique.　　　　Métal.　　　Azotate du métal.

$$+ \begin{cases} AzO \text{ bioxyde d'azote.} \\ Az^2O \text{ protoxyde d'azote.} \\ Az \text{ azote.} \end{cases}$$

C'est le bioxyde qui constitue le principal produit gazeux quand le métal attaqué est le cuivre, le mercure, l'argent : d'où l'emploi du cuivre pour la préparation du bioxyde d'azote (§ 157) :

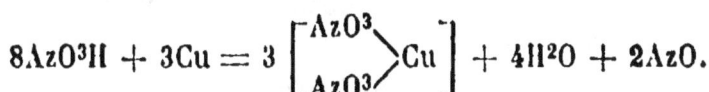

$$8AzO^3H + 3Cu = 3\begin{bmatrix} AzO^3 \\ AzO^3 \end{bmatrix}Cu \Big] + 4H^2O + 2AzO.$$

C'est le protoxyde d'azote qui domine quand le métal attaqué est le fer, le zinc; c'est l'azote avec le potassium et le sodium.

Si cette réaction de l'acide azotique sur les métaux

est effectuée en vase ouvert, on voit toujours apparaître des vapeurs rouges de peroxyde d'azote, provenant de la fixation instantanée de l'oxygène de l'air sur le bioxyde d'azote (§ 159).

b) Acide fumant. — Vis-à-vis de cet acide, les métaux se comportent de trois manières différentes :

1° Certains métaux sont attaquables avec production d'azotate correspondant et dégagement d'azote : tels le potassium, le sodium, le zinc ;

2° D'autres sont inattaquables et rendus *passifs*, c'est-à-dire qu'ils ne sont plus attaqués par l'acide azotique étendu d'eau, alors qu'ils l'étaient avant d'être plongés dans l'acide fumant. Cet état de passivité qui est présenté par le fer, le nickel, paraît être dû à une couche de bioxyde d'azote qui, déposée à la surface du métal, l'isole de l'acide. On fait cesser cette passivité en enlevant cette couche gazeuse par le frottement du métal passif avec une tige de cuivre, de fer, ou en faisant le vide au-dessus ;

3° Les autres métaux sont inattaquables, mais ils ne sont point rendus passifs : tels le cuivre, l'étain.

Dans un verre à pied, plaçons du papier d'étain et de l'acide fumant : aucune attaque ne se produit ; ajoutons de l'eau, aussitôt d'abondantes vapeurs rouges se dégagent.

174. Action sur les composés minéraux. — L'acide azotique *oxyde* beaucoup de composés minéraux, notamment ceux qui suivent :

a) L'acide chlorhydrique HCl : l'hydrogène passe à l'état d'eau, et une partie *du chlore devient libre*, l'autre partie formant un oxychlorure d'azote, $AzOCl$.

Ce mélange des acides chlorhydrique et azotique constitue l'*eau régale* qui, en raison du chlore formé, est capable de dissoudre l'or et le platine à l'état de chlorures ;

b) L'acide sulfhydrique, dont l'hydrogène est brûlé (§ 96) ;

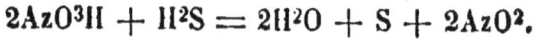

$$2AzO^3H + H^2S = 2H^2O + S + 2AzO^2.$$

c) L'acide sulfureux qui devient de l'acide sulfurique.

$$2AzO^3H + SO^2 = SO^4H^2 + 2AzO^2$$

C'est le principe de la préparation de l'acide sulfurique par le procédé des chambres de plomb (§ 113).

175. Action sur les matières organiques. — L'acide azotique réagit sur un grand nombre de matières organiques. Tantôt il les oxyde profondément : c'est ainsi qu'il transforme la cellulose, l'amidon, le sucre en acide oxalique.

Cette action oxydante peut être très vive ; l'essence de térébenthine, la sciure de bois prennent feu au contact de l'acide fumant.

Tantôt il est un agent de *nitration*, c'est-à-dire qu'il détermine le remplacement de un ou plusieurs atomes d'hydrogène de la substance organique par un nombre égal de groupes *nitryles* AzO^2. Il en résulte un *dérivé nitré*.

Exemples :

Avec la benzine C^6H^6, on obtient la *nitrobenzine* $C^6H^3AzO^2$, liquide ayant l'odeur des amandes amères.

Avec le phénol C^6H^5OH, on peut remplacer 3 H par $3AzO^2$ et obtenir le phénol trinitré ou *acide picrique* $C^6H^2(AzO^2)^3OH$, matière première de plusieurs explosifs (mélinite, etc.)

. L'acide azotique transforme la glycérine en un dérivé trinitré : la *nitroglycérine* qui, mélangée avec du sable, constitue la dynamite.

La cellulose du coton forme plusieurs dérivés nitrés ; l'un d'eux est le *coton-poudre* ou *fulmi-coton* qui est la base de plusieurs poudres sans fumée ; un autre se dissout dans un mélange d'alcool et d'éther et forme le *collodion*, qui est utilisé dans la préparation du celluloïde, de la soie artificielle de Chardonnet, etc.

176. Caractères de l'acide azotique. — Pour reconnaître l'acide azotique, on le verse sur de la tournure de cuivre : aussitôt apparaissent des vapeurs rouges. On a vu (§ 157) qu'il se produit tout d'abord du bioxyde d'azote qui, en absorbant instantanément l'oxygène de l'air se transforme en peroxyde d'azote.

Ou bien, on prépare une solution sulfurique d'indigo qui est bleue, et on y ajoute l'acide azotique : la liqueur devient jaune ou incolore (l'eau de chlore qui est aussi un oxydant agit de la même façon).

177. Applications. — L'acide azotique est employé :

1° Dans la préparation des dérivés *organiques nitrés*, collodion, celluloïde, acide picrique et picrates, fulmi-coton, dynamites, etc. ; beaucoup de ces corps entrent dans la constitution des poudres sans fumée et des explosifs;

2° Dans la fabrication de l'acide sulfurique par le procédé des chambres de plomb;

3° Dans la gravure sur cuivre et sur zinc, appelée souvent *gravure à l'eau-forte*. On recouvre le métal d'une couche de vernis, de cire par exemple, puis avec un burin, on y trace les traits du dessin de manière à mettre à nu la surface métallique. Celle-ci est attaquée par l'acide azotique ordinaire que l'on répand sur le vernis; on lave à l'eau pour éliminer l'acide, et on dissout le vernis dans l'essence de térébenthine.

178. Azotates. — L'acide azotique est un acide *monobasique*, qui ne donne qu'une seule série de sels nommés *azotates* ou *nitrates*.

L'acide azotique ayant pour formule AzO^3H, les azotates sont représentés par l'une des deux formules AzO^3M ou $(AzO^3)^2M$, suivant la nature du métal (M).

Azotate de potassium AzO^3K;
—   sodium AzO^3Na;
—   argent AzO^3Ag;
—   baryum $(AzO^3)^2Ba$;
—   plomb $(AzO^3)^2Pb$;
—   cuivre $(AzO^3)^2Cu$.

Les azotates prennent naissance dans la réaction de l'acide azotique ordinaire sur les métaux (§ 173) et sur les bases :

$$AzO^3H + KOH = AzO^3K + H^2O.$$
Potasse.

Quelques-uns d'entre eux se trouvent en grande quantité dans le sol (§ 165 et 166).

Presque tous les azotates métalliques sont solubles dans l'eau et se décomposent entre 150° et 250° en peroxyde d'azote, oxygène et oxyde métallique (§ 160).

Projetés sur des charbons ardents, ils en activent la combustion, en raison de l'oxygène qu'ils fournissent.

En présence de l'acide sulfurique et du cuivre, ils dégagent des vapeurs rouges ; l'acide sulfurique détermine la production de l'acide azotique que le cuivre réduit à l'état de bioxyde d'azote, puis ce dernier se transforme aussitôt en peroxyde.

179. L'azotate de sodium que l'on retire en grande quantité du Chili, sert à la préparation de l'acide azotique (§ 168) et de l'azotate de potassium.

On l'utilise encore comme engrais azoté : il renferme 16,4 0/0 d'azote, par conséquent, moins que le sulfate d'ammoniaque (§ 151).

L'azotate de potassium ou *salpêtre* est préparé industriellement par double décomposition entre l'azotate de sodium et le chlorure de potassium, qui se trouvent l'un et l'autre en masses puissantes dans certains pays.

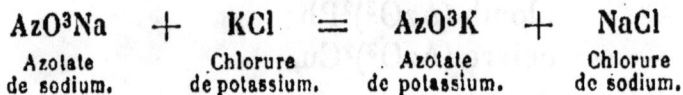

$$\underset{\substack{\text{Azotate} \\ \text{de sodium.}}}{AzO^3Na} \quad + \quad \underset{\substack{\text{Chlorure} \\ \text{de potassium.}}}{KCl} \quad = \quad \underset{\substack{\text{Azotate} \\ \text{de potassium.}}}{AzO^3K} \quad + \quad \underset{\substack{\text{Chlorure} \\ \text{de sodium.}}}{NaCl}$$

Par évaporation des solutions salines le chlorure de sodium qui est le moins soluble se précipite, et l'azotate de potasium reste dissous.

Mélangé au soufre et au charbon, l'azotate de potassium forme la poudre noire.

CHAPITRE VIII

Phosphore. — Acide phosphorique

Phosphore P

Poids atomique $= 31$

180. État naturel. — Le phosphore n'existe pas à l'état libre dans la nature, mais il y est très répandu à l'état de phosphates métalliques. Parmi ceux-ci, celui qui est de beaucoup le plus abondant est un phosphate de calcium $(PO^4)^2Ca^3$ qui tantôt est cristallisé, tantôt est amorphe. A cet état, et mélangé à une quantité variable d'autres corps, il constitue : 1° les *phosphorites* dont on trouve d'importants gisements dans le nord et le nord-est de la France, dans le Lot, en Tunisie, en Algérie (département de Constantine);

2° Le *guano* qui résulte de l'accumulation des excréments d'oiseaux de mer. Sa composition est variable d'un pays à l'autre; mais on y trouve toujours une grande quantité de phosphate de calcium associé à des composés organiques riches en azote (Pérou, Vénézuéla). Le phosphate de calcium est disséminé dans beaucoup de terres végétales et dans les plantes; il se trouve encore dans les os, les dents, l'urine.

181. Préparation. — La préparation du phosphore est exclusivement industrielle, et on prend comme matière première soit les os, soit les phosphorites.

EXTRACTION DU PHOSPHORE DES OS. — Les os dégraissés contiennent 33 0/0 d'une matière organique azotée, l'osséine, et 67 0/0 de substances minérales : *phosphate, carbonate* et fluorure de calcium, phosphate de magnésium. Le phosphate de calcium forme à lui seul approximativement les $\frac{9}{10}$ des matières minérales ; sa molécule possède 3 atomes de calcium, de là le nom de *phosphate tricalcique* qu'on lui donne pour le distinguer des autres phosphates de calcium. Sa formule est $(PO^4)^2Ca^3$.

PREMIÈRE MÉTHODE. — *Préparations associées du phosphore et de la gélatine.* — L'une des méthodes utilisées pour en extraire le phosphore comporte les phases suivantes :

a) Les os *frais*, et préalablement dégraissés, sont traités par l'acide chlorhydrique étendu, à la température ordinaire.

L'osséine reste inattaquée et insoluble ; on peut l'enlever, et en la chauffant ensuite avec de l'eau, en autoclave à 130°, elle se convertit en gélatine.

Le carbonate de calcium est transformé en *chlorure soluble*, conformément à l'équation :

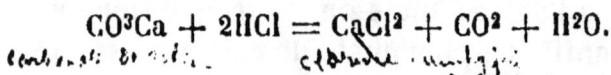

$$CO^3Ca + 2HCl = CaCl^2 + CO^2 + H^2O.$$

Le phosphate tricalcique qui est *insoluble* dans l'eau est converti en *phosphate monocalcique soluble* dans l'eau :

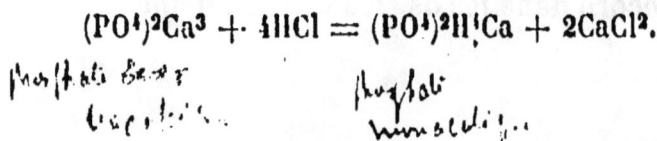

$$(PO^4)^2Ca^3 + 4HCl = (PO^4)^2H^4Ca + 2CaCl^2.$$

b) On a ainsi une liqueur acide, tenant en dissolution le phosphate monocalcique et le chlorure de calcium : pour les séparer l'un de l'autre, on ajoute un lait de chaux qui agit seulement sur le phosphate monocalcique et le transforme en *phosphate bicalcique.*

Ce dernier étant *insoluble* dans l'eau se *précipite*, et s'isole du chlorure de calcium resté en solution :

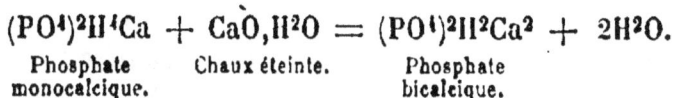

$$(PO^4)^2H^4Ca + CaO,H^2O = (PO^4)^2H^2Ca^2 + 2H^2O.$$

Phosphate Chaux éteinte. Phosphate
monocalcique.   bicalcique.

c) Le précipité de phosphate bicalcique est lavé, desséché, puis traité par l'acide sulfurique qui lui enlève le calcium :

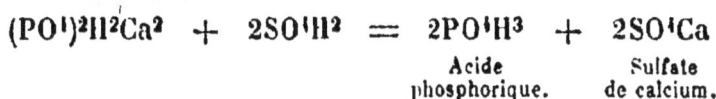

$$(PO^4)^2H^2Ca^2 + 2SO^4H^2 = 2PO^4H^3 + 2SO^4Ca$$

          Acide   Sulfate
        phosphorique. de calcium.

Le sulfate de calcium insoluble se précipite, tandis que l'acide phosphorique reste en dissolution.

d) La liqueur d'acide phosphorique est soutirée et concentrée par évaporation. Ensuite elle est mélangée avec du charbon pulvérisé, et chauffée au rouge pendant trois jours dans des cornues en terre. Le carbone réduit l'acide phosphorique et donne naissance à des vapeurs de phosphore que l'on condense dans des récipients contenant de l'eau.

En même temps, il se dégage plusieurs gaz : oxyde de carbone, hydrogène et hydrogène phosphoré.

La réaction principale peut être formulée ainsi :

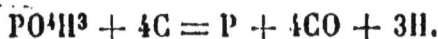

$$PO^4H^3 + 4C = P + 4CO + 3H.$$

L'hydrogène phosphoré PH^3 provient de la réaction du phosphore sur l'eau.

Deuxième méthode. — La méthode qui vient d'être exposée a l'avantage de pouvoir donner de la gélatine et du phosphore. Il existe un autre procédé qui ne fournit que du phosphore et que l'on emploie quand les os ne sont pas frais.

Ceux-ci sont chauffés à l'air à la température du rouge : l'osséine qui est une matière organique brûle, les substances minérales seules persistent et forment les *os blancs*, et après pulvérisation la *cendre d'os*.

Cette poudre d'os, constituée essentiellement par deux sels insolubles dans l'eau, le phosphate tricalcique et le carbonate de calcium est traitée de suite par l'acide sulfurique étendu. Il se fait du sulfate de calcium *insoluble* et du phosphate monocalcique qui *se dissout*. Ce dernier, chauffé progressivement jusqu'au rouge blanc avec du charbon, abandonne la plus grande partie de son phosphore.

182. Extraction du phosphore des phosphorites. — Deux procédés sont actuellement en usage.

I. Les phosphates, finement pulvérisés, sont additionnés d'acide sulfurique étendu qui les transforme en acide phosphorique ou en phosphate monocalcique, suivant qu'il y a ou qu'il n'y a pas une quantité suffisante d'acide sulfurique pour enlever tout le calcium.

Dans le premier cas, on formule ainsi la réaction :

$$(PO^1)^2Ca^3 \; + \; 3SO^4H^2 \; = \; 3SO^4Ca \; + \; 2PO^4H^3$$

Phosphate tricalcique. Sulfate de calcium Acide phosphorique
insoluble. soluble.

Finalement, l'acide phosphorique ou le phosphate monocalcique est chauffé au rouge avec du charbon de bois pulvérisé (§ 181).

II. Procédé du four électrique. — On chauffe au

four électrique un mélange de phosphate et de charbon, avec du sable ou bien de l'alumine. Les vapeurs de phosphore se rendent dans des récipients contenant de l'eau. Le rendement est bon, et le procédé très rapide.

183. Purification. — On effectue la purification du phosphore par deux filtrations, l'une sur du noir animal en grains, l'autre au travers d'une peau de chamois. Le phosphore est fondu sous l'eau à 50°, et une colonne d'eau placée au-dessus exerce une pression suffisante pour le faire filtrer. Le phosphore est moulé en bâtons cylindriques ou prismatiques qui sont conservés dans des vases remplis d'eau.

Phosphore rouge

184. Modes de formation. — Le phosphore préparé par l'une des méthodes décrites précédemment est blanc. Il se transforme en phosphore rouge dans les circonstances suivantes :

I. A la température ordinaire sous l'influence de la lumière : des bâtons de phosphore conservés sous l'eau, dans des flacons en verre blanc, exposés au soleil, se colorent en rouge. La transformation est d'autant plus rapide que la lumière est plus intense ;

II. Aux températures ordinaires, sous l'influence du rayonnement du radium ;

III. Par l'effet de la chaleur. La transformation est notable vers 200° et augmente avec la température. Elle est d'autant plus rapide que la température est

10

plus élevée : le poids maximum de phosphore rouge qui peut sé former est obtenu vers 260° après plusieurs jours — vers 440° après plusieurs heures — vers 500° en moins d'une heure.

Cette transformation est toujours incomplète, quelle que soit la température, car elle est limitée par le changement inverse du phosphore rouge en phosphore blanc.

Deux ballons de même capacité contiennent des poids égaux de phosphore, phosphore blanc dans l'un, phosphore rouge dans l'autre. On y fait le vide, on les ferme à la lampe, puis on les chauffe pendant le même temps à 360°, par exemple. Après refroidissement brusque, on ouvre les ballons et on constate que le phosphore blanc a donné une certaine quantité de phosphore rouge, et que le phosphore rouge a produit une certaine proportion de phosphore blanc.

Le phosphore blanc en se transformant en phosphore rouge dégage de la chaleur, environ 130 calories-gramme par gramme de substance.

185. Préparation industrielle. — Un cylindre en fonte susceptible de contenir 200 à 250 kilogrammes de phosphore blanc est chauffé par l'intermédiaire d'un bain de sable ou de limaille de fer à des températures progressivement constantes et bien déterminées. Des thermomètres plongeant dans les bains permettent de les évaluer.

On chauffe d'abord lentement jusqu'à une centaine de degrés pour éliminer l'air de l'appareil et l'eau qui imprègne les bâtons de phosphore : air et vapeur d'eau se dégagent par un petit tube percé dans le couvercle du cylindre. Puis on élève peu à peu la température jusqu'à 250°, et on la maintient pendant une dizaine de jours. Après refroidissement, l'appareil contient une masse dure, compacte, que l'on détache, que l'on broie sous l'eau et qui est formée en grande partie par du phosphore rouge mélangé à une certaine quantité de phosphore blanc. On enlève celui-ci en traitant la masse pulvérulente par une solution bouillante de soude dans l'eau. On lave à l'eau le résidu qui est formé exclusivement de phosphore rouge.

186. Propriétés physiques. — Les deux variétés de phosphore ont des propriétés physiques très différentes. Le tableau suivant le montre bien.

Phosphore blanc ou jaune	**Phosphore rouge**
Corps blanc, très légèrement jaunâtre, translucide, flexible, se laissant rayer par l'ongle.	Corps rouge.
Densité à $0° = 1,84$.	Densité $= 2$ à $2,3$ suivant la température à laquelle il a été préparé.
Très soluble dans le sulfure de carbone.	Insoluble dans le sulfure de carbone.
Fond à $44°$. La fusion se fait sous l'eau; présente facilement le phénomène de la surfusion, et il peut être amené à l'état liquide à $20°$.	Ne fond pas sous la pression atmosphérique, mais à partir de $260°$ se transforme en phosphore blanc.
Bout à $290°$ à la pression 760^{mm}, dans une atmosphère d'azote ou d'hydrogène.	Ne bout pas.

187. Propriétés chimiques. — Le phosphore rouge a les mêmes propriétés chimiques que le phosphore blanc, seulement elles sont moins énergiques. Par conséquent, ses réactions sont accompagnées d'un dégagement de chaleur moins considérable, et elles ne commencent qu'à une température plus élevée.

Un certain nombre de réactions qui sont dangereuses avec le phosphore blanc le sont beaucoup moins avec le phosphore rouge ; de là la préférence que l'on donne parfois à ce dernier pour les effectuer.

ACTION SUR LES MÉTALLOÏDES. — Le phosphore s'enflamme dans le chlore à la température ordinaire avec production d'un liquide, le trichlorure de phosphore PCl^3, ou d'un solide, le pentachlorure PCl^5 s'il y a excès de chlore (§ 34). La réaction est très violente avec le brome ; on peut la modérer soit, en dissolvant les deux corps dans le sulfure de carbone, soit en faisant usage du phosphore rouge : il en résulte suivant les proportions du brome un liquide, le tribromure PBr^3 ou un solide le pentabromure PBr^5.

188. Les deux variétés de phosphore se combinent à l'oxygène et d'une manière générale donnent les mêmes produits, mais l'oxydation du phosphore blanc se fait à une température plus basse et bien plus rapidement.

a) OXYDATION DU PHOSPHORE BLANC. — Aux températures inférieures à 45°, le phosphore blanc compact brûle lentement en donnant des composés *phosphoreux*.

C'est ainsi qu'abandonné dans l'air *humide*, il se fait de l'acide phosphoreux PO^3H^3 (par exemple dans l'analyse de l'air par le phosphore à froid, § 133 *b*). Exposé à un courant d'air *sec*, il y a production d'anhydride phosphoreux P^4O^6.

Cette oxydation lente est accompagnée d'un dégagement de chaleur qui élève peu à peu la température, et si celle-ci atteint 45°, la matière s'enflamme.

De là le danger qu'il y a de manier le phosphore à l'air : sa division avec un couteau et sa fusion doivent se faire sous l'eau.

De même, le phosphore *très divisé* prend feu spontanément. Par exemple, humectons avec une solution sulfocarbonique de phosphore une feuille de papier à filtrer ; au bout de quelques instants, le sulfure de carbone est évaporé, et le papier chargé de phosphore *pulvérulent* s'enflamme.

Aux températures supérieures à 45°, le phosphore s'enflamme en donnant des composés *phosphoriques*, soit l'anhydride phosphorique P^2O^5 si l'oxygène ou

FIG. 49. — Combustion du phosphore blanc dans l'oxygène sec.

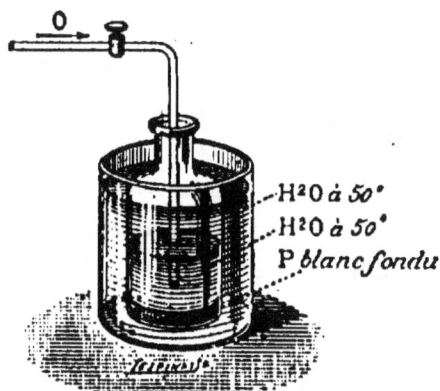

FIG. 50. — Combustion du phosphore blanc dans l'oxygène et sous l'eau.

l'air sont secs, soit l'acide orthophosphorique PO^4H^3 si l'air est humide (par exemple combustion du phosphore sous l'eau tiède, au contact d'un courant d'oxygène) (*fig.* 50).

b) Oxydation du phosphore rouge. — Le phosphore rouge ne s'oxyde que très lentement aux températures ordinaires et ne donne qu'une très petite quantité d'acides phosphoreux et phosphorique. — Il s'enflamme à 260° avec production d'acide phosphorique.

10*

c) PHOSPHORESCENCE. — La phosphorescence est la propriété que possède le phosphore blanc d'émettre des lueurs dans l'obscurité. Elle se produit : 1º dans l'oxygène pur, pourvu que la pression de ce gaz soit inférieure à la pression d'une atmosphère : la valeur de cette pression maxima variant d'ailleurs avec la température ; — 2º dans l'air atmosphérique, où la pression propre de l'oxygène n'est que le $\frac{1}{5}$ d'une atmosphère ; — 3º dans un certain nombre de gaz (azote, hydrogène, acide carbonique) à la condition toutefois qu'une petite quantité d'oxygène leur soit mélangé.

Mais, si ce gaz fait complètement défaut, la phosphorescence ne se produit pas. Elle n'apparaît pas non plus dans le vide barométrique, ni lorsque l'air atmosphérique contient des vapeurs d'essence de térébenthine, d'éther, de sulfure de carbone.

Il ressort de l'étude qui a été faite de la phosphorescence que ce phénomène est corrélatif d'une *oxydation lente du phosphore blanc dans un milieu où l'oxygène est sous une faible pression.*

Le phosphore rouge n'est pas phosphorescent.

189. Action du soufre. — Le phosphore blanc se combine au soufre, lentement aux températures ordinaires et avec explosion au-dessus de 100º : il en résulte des sulfures de phosphore liquides.

Le phosphore rouge ne réagit sur le soufre qu'au-dessus de 100º, sans explosion, et donne naissance à un *sulfure de phosphore* solide, de teinte jaune comme le soufre et répondant à la formule P^4S^3. Il est employé dans la fabrication des allumettes.

190. Action sur les composés. — *Le phosphore est un réducteur.* Il réduit l'acide sulfurique SO^4H^2 à l'état d'acide sulfureux SO^2 et l'acide azotique : dans les deux cas, il se transforme en acide orthophosphorique PO^4H^3.

Il réduit le protoxyde d'azote Az^2O (§ 155) et le bioxyde d'azote AzO : la réaction s'effectue au rouge et donne naissance à de l'anhydride phosphorique P^2O^5.

Le phosphore blanc décompose l'eau vers 250° et les solutions aqueuses de potasse et de soude à 100° : l'un des produits de la réaction est l'hydrogène phosphoré PH^3.

Le phosphore rouge n'est point attaqué par ces mêmes *oxydes dissous dans l'eau ;* aussi emploie-t-on les solutions alcalines pour séparer les deux variétés de phosphore (§ 185).

191. Nature du phosphore rouge. — Le phosphore blanc et le phosphore rouge constituent deux *états allotropiques.* On admet que le phosphore rouge est un *polymère* du phosphore blanc : une molécule du premier résulte de la réunion de deux molécules du second.

Cette polymérisation est comparable à celle de l'oxygène qui fournit l'ozone.

192. Propriétés physiologiques. — Le phosphore blanc peut être introduit dans le corps : 1° à l'état de vapeurs qui amènent la destruction des mâchoires, surtout quand les dents sont cariées ; — 2° à l'état solide : il est toxique à la dose de quelques décigrammes.

Les brûlures occasionnées par le phosphore sont en réalité causées par l'acide phosphorique qui se forme lors de l'inflammation : aussi les lave-t-on avec de l'eau contenant de la magnésie qui neutralise l'acide.

Le phosphore rouge est inoffensif.

193. Applications. — Le phosphore est employé :

1° Sous l'un ou l'autre de ses états allotropiques à la fabrication des allumettes ;

2° A la préparation du sulfure de phosphore solide, utilisé lui-même dans l'un des types d'allumettes ;

3° A l'obtention de différents dérivés, tels que l'anhydride phosphorique, les chlorures de phosphore qui sont fréquemment utilisés en chimie organique.

194. Allumettes. — On ne considérera ici que les allumettes contenant du phosphore ou l'un de ses dérivés.

Dans toute allumette il y a le support et la pâte : le support est une baguette en bois (de sapin, de peuplier, de tremble) ou une mèche de coton entourée de cire ou de paraffine (allumettes-bougies).

La pâte contient presque toujours : un ou plusieurs combustibles, un oxydant, et des substances agglutinantes.

Voici les éléments principaux de quelques types d'allumettes :

1° *Allumettes au phosphore blanc :*

Combustibles.	Oxydant.	Agglutinant.
Phosphore blanc et soufre.	Bioxyde de plomb	Gomme

2° *Allumettes suédoises au phosphore rouge :*

(Sur le frottoir)		
Phosphore rouge et sulfure d'antimoine............		Colle + verre pilé
(Sur l'allumette)		
Sulfure d'antimoine......	Chlorate de potassium	Colle

3° Allumettes au sulfure de phosphore :

Sulfure de phosphore.....   Chlorate   Colle + poudre
                              de potassium   de verre

Combinaisons du phosphore
avec l'oxygène

195. Ces combinaisons sont nombreuses ; deux seulement seront décrites :

L'anhydride phosphorique P^2O^5 ;

L'acide orthophosphorique PO^4H^3.

Anhydride phosphorique P^2O^5

$$\text{Poids moléculaire} = 142 \begin{bmatrix} 2P = 62 \\ 5O = 80 \end{bmatrix}$$

196. Préparation. — On a vu (§ 188 *a*) que le phosphore chauffé à 45° dans l'air sec, s'enflamme et passe à l'état d'anhydride phosphorique.

Le dispositif le plus simple qui puisse être employé consiste à enflammer du phosphore placé sur une assiette que l'on recouvre d'une cloche sèche.

Mais, quand on veut préparer une grande quantité d'anhydride phosphorique, on fait brûler le phosphore dans un courant d'air *sec*, l'oxygène est absorbé, et l'azote restant entraîne les vapeurs d'anhydride phos-

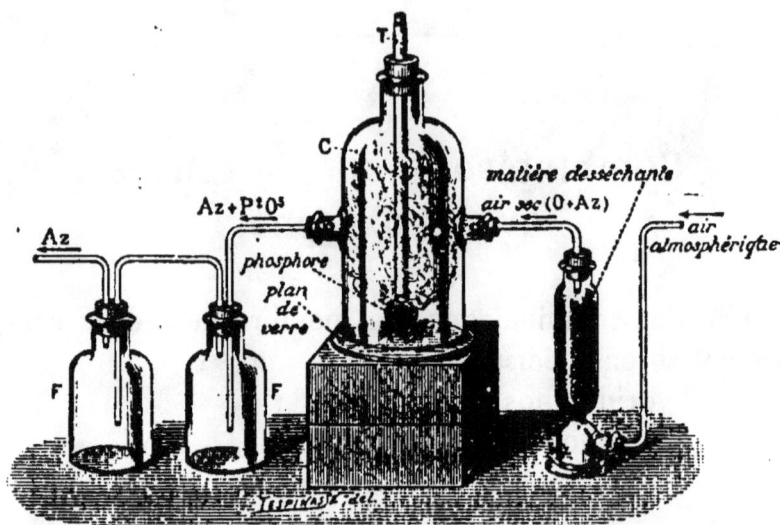

FIG. 51. — Préparation de l'anhydride phosphorique
par la combustion du phosphore dans un courant d'air sec.

C : cloche de 5 litres ;
T : tube de porcelaine servant à l'introduction du phosphore ;
F : flacon où se dépose l'anhydride phosphorique.

phorique qui viennent se déposer dans les flacons F (*fig.* 51).

197. Propriétés. — L'anhydride phosphorique constitue une poudre blanche, légère, absorbant très rapidement l'humidité atmosphérique : aussi doit-on le conserver dans des flacons bien bouchés.

Il se dissout dans l'eau en s'y combinant et se transforme en acide métaphosphorique :

$$P^2O^5 + H^2O = 2PO^3H.$$

198. Applications. — Il est employé : 1° comme desséchant des gaz ; 2° comme déshydratant en chimie organique, quelquefois aussi en chimie minérale, notamment pour effectuer la déshydratation de l'acide azotique.

Acide orthophosphorique PO⁴H³

Poids moléculaire $= 98$ $\begin{bmatrix} P = 31 \\ 4O = 64 \\ 3H = 3 \end{bmatrix}$

199. Préparations. — I. A partir du phosphate tricalcique. — Le phosphate tricalcique des phosphorites ou des os calcinés est traité par l'acide sulfurique mis en quantité suffisante pour enlever tout le calcium du phosphate

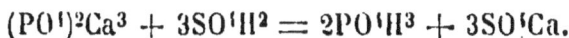

$$(PO^4)^2Ca^3 + 3SO^4H^2 = 2PO^4H^3 + 3SO^4Ca.$$

Rappelons que cette réaction est la première partie d'une préparation du phosphore (§ 182).

Le sulfate de calcium insoluble se précipite et se sépare de la solution d'acide phosphorique que l'on concentre. *Telle est la préparation industrielle de l'acide phosphorique.*

II. A partir du phosphore. — On a vu (§ 190 et 172) que le phosphore réduit les acides sulfurique et azotique avec production d'acide phosphorique. La réaction est violente avec le phosphore blanc et l'acide azotique concentré ; elle est plus modérée entre le phosphore rouge et l'acide azotique assez étendu (densité 1,2).

On emploie un appareil semblable à celui qui sert dans les laboratoires à la préparation de l'acide azotique (§ 167 et *fig.* 47).

Le phosphore, blanc ou rouge, et l'acide azotique étendu sont introduits dans une cornue dont le col est engagé dans celui d'un ballon refroidi par un courant d'eau. On chauffe légèrement; l'acide phosphorique se forme et reste dans la cornue, tandis qu'une certaine quantité d'acide azotique distille et vient se condenser dans le ballon. Quand la totalité du phosphore a disparu, on chauffe dans une capsule le contenu de la cornue, de manière à éliminer l'acide azotique et l'eau. On arrête la concentration du liquide quand celui-ci a pris la consistance sirupeuse. *Telle est la préparation dans les laboratoires.*

III. A partir de l'anhydride phosphorique. — Ce composé fixe plus ou moins rapidement l'eau à la température ordinaire et se transforme en *acide métaphosphorique* (§ 197).

$$P^2O^5 + H^2O = 2PO^3H,$$

et ce corps se combine lui-même à l'eau, d'autant plus rapidement, que la température est plus élevée : il en résulte l'acide *orthophosphorique.*

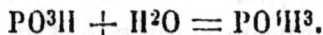

$$PO^3H + H^2O = PO^4H^3.$$

200. Propriétés. — L'acide phosphorique se présente très souvent à l'état sirupeux : il est alors en surfusion. En abaissant suffisamment la température ou en y introduisant un cristal de même nature, la surfusion cesse et l'acide cristallise. Chauffé ensuite, il ne fond plus qu'à 41°.

Il est extrêmement soluble dans l'eau.

Sous l'influence de la chaleur, l'acide orthophosphorique perd de l'eau : à partir de 200°, il donne *l'acide pyrophosphorique*.

$$2PO^4H^3 = H^2O + P^2O^7H^4.$$

Puis, la température s'élevant jusqu'au rouge sombre, l'acide pyrophosphorique fait place à *l'acide métaphosphorique*.

$$P^2O^7H^4 = H^2O + 2PO^3H.$$

Ce dernier acide se présente sous la forme d'une masse vitreuse et transparente. Il est déliquescent, c'est-à-dire qu'il absorbe l'humidité atmosphérique et prend une consistance pâteuse. Par sa combinaison avec l'eau, il redonne l'acide orthophosphorique.

201. Phosphates. — L'acide orthophosphorique, en réagissant sur les bases, donne trois séries de sels : on dit pour cela que c'est un acide *tribasique*.

Les formules des phosphates diffèrent suivant la nature du métal. Quand on fait agir l'acide phosphorique PO^4H^3 sur des proportions croissantes de soude, on remplace 1, 2 et 3 atomes d'hydrogène par 1, 2 et 3 atomes de sodium,

On obtient ainsi :

L'orthophosphate monosodique PO^4H^2Na;

L'orthophosphate bisodique PO^4HNa^2;

L'orthophosphate trisodique PO^4Na^3.

Les formules des phosphates de potassium, d'ammoniaque et d'argent sont analogues.

Un second type de formules est présenté par celles des phosphates de calcium.

Phosphate monocalcique $(PO^1)^2 H^4Ca$;

—   bicalcique $(PO^1)^2 H^2Ca^2$;

—   tricalcique $(PO^1)^2 Ca^3$.

Les orthophosphates de potassium et de sodium, qui sont solubles dans l'eau se reconnaissent facilement par le précipité jaune de phosphate *triargentique* qu'ils forment par addition d'azotate d'argent.

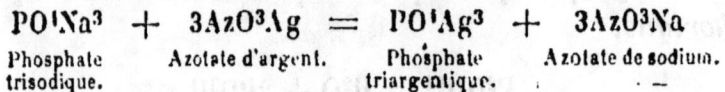

$$PO^1Na^3 + 3AzO^3Ag = PO^1Ag^3 + 3AzO^3Na$$

Phosphate   Azotate d'argent.   Phosphate   Azotate de sodium.
trisodique.   triargentique.

Ce précipité est soluble dans l'acide azotique.

202. Applications des acides phosphoriques et des phosphates. — L'acide métaphosphorique est employé pour dessécher les gaz.

L'acide orthophosphorique sert : 1° à la préparation de certains superphosphates utilisés comme engrais;

2° Comme déshydratant à la place de l'acide sulfurique.

Le phosphate le plus employé est le phosphate monocalcique que l'on prépare en traitant le phosphate tricalcique des phosphorites par une quantité d'acide sulfurique *capable d'enlever les* $\frac{2}{3}$ *du calcium*.

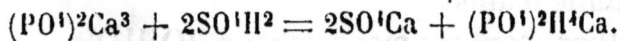

$$(PO^1)^2Ca^3 + 2SO^1H^2 = 2SO^1Ca + (PO^1)^2H^4Ca.$$

Si l'on avait ajouté au phosphate $3SO^1H^2$, on aurait obtenu l'acide phosphorique (§ 182 et 199).

Le mélange des deux sels : phosphate monocalcique et sulfate de calcium, constitue le *superphosphate* ordinaire très employé comme engrais.

CHAPITRE IX

Carbone C

Poids atomique : C = 12

203. État naturel. — Le carbone se trouve dans la nature mélangé à diverses substances minérales ou combiné à d'autres corps simples.

Il est associé à des matières minérales dans :

Le diamant qui contient de 99,5 à 96 0/0 de carbone ;
Le graphite   —   —   95 0/0   —

Il entre pour une part importante dans la composition des roches appelées *combustibles naturels* ou *charbons de terre* et qui sont :

L'anthracite renfermant de 92 à 90 0/0 de carbone
Les houilles   —   — 83 à 75 0/0   —
Les lignites   —   — 45 à 25 0/0 [1]   —
Les tourbes   —   — 60 à 55 0/0 [2]   —

Le carbone est combiné à l'hydrogène dans les *hydrocarbures* dont plusieurs se rencontrent dans la nature (pétroles). Il est uni à l'hydrogène, à l'oxygène, quelquefois à l'azote, dans une foule de matières orga-

1. Cette teneur en carbone est celle que présentent les lignites au sortir de la mine ; elle s'élève à 60-70 0/0 par dessiccation.
2. C'est la teneur en carbone après dessiccation.

niques naturelles : les bois, pris à l'état sec, renferment souvent 40 0/0 de carbone et les sucres de 40 à 44 0/0.

On extrait le carbone de ces composés ou de ces mélanges, soit en les chauffant au rouge en vase clos, soit en les brûlant incomplètement.

204. Extraction du carbone des corps organiques par l'action de la chaleur, à l'abri de l'air. — Considérons d'abord le sucre ordinaire (extrait de la betterave ou de la canne à sucre). Il répond à la formule $C^{12} H^{22} O^{11}$ et contient une quantité assez forte de charbon que l'on calcule de la manière suivante :

$$C^{12} = 12 \times 12 = 144$$
$$H^{22} = 22 \times 1 = 22$$
$$O^{11} = 11 \times 16 = 176$$

Molécule-gramme de sucre $= 342$

342 gr. de sucre contiennent 144 gr. de carbone

$$100 \text{ gr.} \quad — \quad — \quad \frac{144 \times 100}{342} = 42 \text{ gr.}$$

Le sucre ordinaire renferme donc 42 0/0 de son poids de carbone, ce qui revient à dire que dans 1 kilogramme de sucre, il y a 420 grammes de charbon.

Si on le chauffe fortement à l'air, il brûle complètement, c'est-à-dire qu'il se transforme en gaz acide carbonique et en vapeur d'eau. Cette *combustion complète* peut être représentée par l'égalité.

$$C^{12}H^{22}O^{11} \quad + \quad 24\,O \quad = \quad 12CO^2 \quad + \quad 11H^2O$$

· Sucre ordinaire.   Oxygène de l'air.   Acide carbonique.

Il faut donc 24 + 11 atomes d'oxygène pour brûler la totalité du carbone et de l'hydrogène d'une molécule de sucre.

Dès lors, si l'on chauffe celle-ci en vase clos, c'est-à-dire à l'abri de l'air, les 11 atomes d'oxygène du sucre sont insuffisants pour brûler l'hydrogène et le carbone, et la plus grande partie de ce dernier subsiste sous forme d'une masse noire, brillante et légère que l'on désigne sous le nom de *charbon de sucre*.

Au lieu de prendre une combinaison définie, comme le sucre, portons à la température du rouge, *à l'abri de l'air* des mélanges complexes, tels que la houille, la tourbe, les bois, les os. Ils donnent naissance : 1° à un *charbon artificiel*, 2° à des *produits volatils*. Ceux-ci refroidis aux températures ordinaires se séparent en deux portions : l'une formée par les corps qui conservent l'état gazeux, l'autre par les corps qui prennent l'état solide ou liquide. Le tableau suivant fait connaître quelques-unes des matières qui se produisent par l'action de la chaleur sur les mélanges cités plus haut.

MÉLANGE ORGANIQUE soumis à la distillation	CHARBON ARTIFICIEL	CORPS RESTANT A L'ÉTAT GAZEUX	PRODUITS VOLATILS CONDENSABLES aux températures ordinaires
Houille	Coke et charbon de cornue	Hydrogène Méthane Oxyde de carbone (Gaz d'éclairage)	Goudron de houille et composés ammoniacaux
Bois	Charbon de bois	Méthane Oxyde de carbone Acide carbonique	Goudron de bois Acide acétique Alcool méthylique, etc.
Os	Noir animal	Oxyde de carbone Acide carbonique Hydrogène sulfuré	Goudron animal

Les charbons artificiels ne constituent pas du carbone pur, car ils renferment une proportion plus ou moins grande de substances diverses, en particulier les matières minérales qui se trouvent dans les houilles, les bois, les os.

205. Extraction du carbone de certaines matières organiques naturelles par leur combustion incomplète. — On choisit celles qui sont riches en carbone, par exemple les corps gras qui contiennent de 70 à 78 0/0 de carbone, les résines, certaines essences et on les brûle en présence d'une quantité assez faible d'air : une partie du carbone subsiste sous forme d'une masse noire très divisée que l'on appelle le *noir de fumée*.

Les noirs de fumée ne constituent pas du carbone pur, car ils sont imprégnés d'une petite quantité de subtances organiques.

206. Préparation du carbone pur. — Le charbon de sucre et le charbon de cornue sont les moins impurs de tous les charbons artificiels ; ils ne contiennent en effet que des traces d'hydrogène. On les enlève en chauffant ces charbons au rouge dans un courant de chlore, puis on laisse refroidir dans un courant d'azote.

207. Propriétés physiques. — Le carbone est infusible, volatil à la température de l'arc électrique, soit plus de 3.000° ; il est soluble dans quelques métaux fondus, comme le fer, l'argent.

Les autres propriétés physiques ne sont pas constantes, et cela se comprend puisque les divers charbons contiennent des impuretés dont la nature et la quantité varient de l'un à l'autre.

Par exemple la densité est comprise :

Entre 1 et 2 pour les lignites, les houilles, l'anthracite;

Entre 2 et 3 pour le graphite et le charbon de cornue;

Entre 3 et 3, 6 pour le diamant.

La dureté est faible dans le graphite, qui se laisse rayer par l'ongle. Au contraire, le diamant est le plus dur de tous les corps connus, puisqu'il les raye tous.

Certains charbons sont bons conducteurs de la chaleur et de l'électricité : tels le graphite, le charbon de cornue et les charbons de bois préparés à hautes températures.

D'autres charbons sont mauvais conducteurs : le diamant, les charbons de bois obtenus à basses températures.

208. Propriétés chimiques. — I. ACTION SUR LES CORPS SIMPLES. — Le carbone chauffé dans l'air ou dans l'oxygène se combine à ce gaz en formant de l'acide carbonique.

$$C + 2O = CO^2.$$

Il se fait en même temps de l'oxyde de carbone.

$$C + O = CO.$$

On reconnaît qu'un corps est du carbone pur si 12 grammes de cette matière se combinent à 2×16 ou 32 grammes d'oxygène pour produire $12 + 32$ ou 44 grammes d'acide carbonique.

Les divers charbons brûlent dans l'oxygène à des températures différentes.

Chaque variété de charbon, chauffée dans l'oxygène, commence à s'oxyder à une température déterminée; le dégagement de CO^2 augmente avec la température, puis, quand celle-ci atteint une certaine valeur, le charbon devient incandescent.

NOMS DE DIVERSES VARIÉTÉS de charbons	TEMPÉRATURE DU DÉBUT de l'oxydation	TEMPÉRATURE A LAQUELLE COMMENCE l'incandescence
Diamant...........	720°	800° — 850°
Graphite...........	550°	700°
Noir d'acétylène....	385°	—
Braise de boulanger. (Charbon de bois de bouleau)	230°	350°

Le carbone se combine au *soufre* à la température du rouge vif pour donner du *sulfure de carbone* CS².

II. Action sur les composés. — Le carbone est un *corps réducteur* (comme l'hydrogène, le soufre et le phosphore). Chauffé avec un grand nombre de composés oxygénés, il les réduit, c'est-à-dire leur enlève de l'oxygène.

La vapeur d'eau passant sur le charbon incandescent est décomposée, et on recueille un mélange d'hydrogène et d'oxyde de carbone que l'on appelle *gaz à l'eau*. Celui-ci est combustible, et peut être utilisé pour le chauffage.

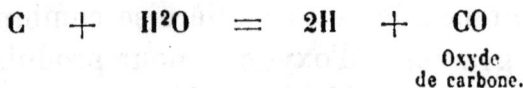

$$ C \;+\; H^2O \;=\; 2H \;+\; \underset{\substack{\text{Oxyde} \\ \text{de carbone.}}}{CO} $$

On comprend dès lors qu'une petite quantité d'eau projetée sur des charbons rouges ne peut les éteindre; bien au contraire, elle active leur combustion et produit un dégagement d'oxyde de carbone qui est un poison violent.

Le charbon réduit l'acide sulfurique à plus de 100°.

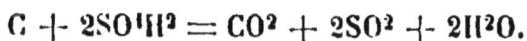

$$C + 2SO^4H^2 = CO^2 + 2SO^2 + 2H^2O.$$

C'est une préparation de l'acide sulfureux, § 103, II).

Il décompose les acides azotique AzO^3H et phosphorique PO^4H^3 [*préparation du phosphore* (§ 181 et 182)].

Le carbone réduit un grand nombre d'oxydes métalliques, soit au rouge sombre, et il se fait de l'acide carbonique ;

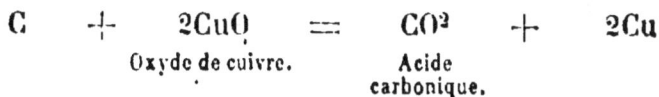

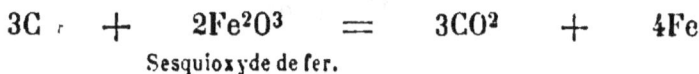

$$C + 2CuO = CO^2 + 2Cu$$

Oxyde de cuivre.　　　Acide carbonique.

$$3C + 2Fe^2O^3 = 3CO^2 + 4Fe$$

Sesquioxyde de fer.

soit au rouge vif, et il se dégage de l'oxyde de carbone.

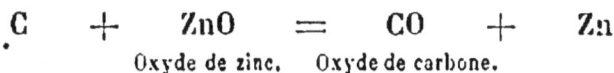

$$C + ZnO = CO + Zn$$

Oxyde de zinc.　　Oxyde de carbone.

Dans tous les cas le métal est mis en liberté ; de là l'emploi du charbon en métallurgie.

Mentionnons encore l'action du charbon sur la *chaux vive* à la température du four électrique qui donne le *carbure de calcium*, matière première de l'acétylène.

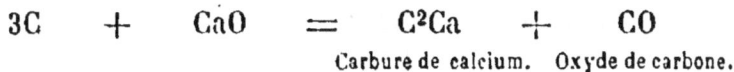

$$3C + CaO = C^2Ca + CO$$

Carbure de calcium.　　Oxyde de carbone.

Notions sur les diverses variétés de charbons

On étudiera sommairement les *charbons naturels :* diamant, graphite, anthracite, houilles, lignites, tourbes et les plus importants des *charbons artificiels :* coke ordinaire ou coke de houille, charbon de cornues à gaz, charbon de bois, noir animal, noir de fumée.

Diamant

209. Le diamant est du carbone presque pur, puisqu'il contient suivant les échantillons 96 à 99,5 0/0 de ce corps. On en connaît deux variétés principales :

1° Le diamant transparent, plus ou moins bien cristallisé, incolore ou jaune. Les plus gros exemplaires connus pesaient à l'état brut 80 à 160 grammes (soit 400 à 800 carats, le carat valant approximativement $0^{gr},2$ décigrammes) ;

2° Le diamant noir ou *carbonado*, en fragments opaques, arrondis et à surface chagrinée pesant souvent 200 grammes et plus (soit 1.000 carats).

Les diamants proviennent actuellement du Transvaal, du Brésil et de l'Inde.

On a vu (§ 207 et 208) que de tous les charbons, c'est le diamant qui est le plus dur, le plus dense ($d = 3, 6$) et celui qui brûle le plus difficilement dans l'oxygène (température d'inflammation = 800°).

Usages. — 1° En raison de sa dureté, qui est plus grande que celle des autres corps, le diamant noir

est utilisé pour armer les couronnes des machines destinées à perforer les roches dures. — Les petits fragments transparents servent à couper le verre, à graver
les pierres fines et à faire une poudre appelée égrisée
destinée au polissage.

2° Le diamant transparent, quand il est volumineux,
est employé à l'ornementation. Pour cela, il faut le tail-
ler, c'est-à-dire déterminer sur sa surface un grand
nombre de facettes et d'arêtes vives, de manière à
produire des jeux de lumière. Les facettes sont obtenues
en usant deux diamants l'un contre l'autre, puis sont
polies par frottement sur une meule en fer imprégnée
d'un mélange d'égrisée et d'huile. Par la taille, les
diamants perdent parfois jusqu'à la moitié de leur poids.

210. Graphite. — Le graphite contient 95 0,0 de
carbone.

Il est grisâtre, peu dur et rayable avec l'ongle.

Il se distingue encore du diamant, en ce que sa densité est plus faible ($d = 2, 2$) et sa température d'inflammation dans l'oxygène plus basse (700° environ).

Son principal gisement est en Sibérie, près d'Ir-
koutsk.

Usages. — Le graphite laisse sur le papier une
trace gris de plomb : de là son emploi sous les noms de
mine de plomb, de *plombagine* dans la fabrication des
crayons.

Délayé avec un peu d'eau ou d'essence de térébenthine, il forme une pâte qui noircit les objets en fer et
en fonte, et les préserve de la rouille.

En raison de son infusibilité, le graphite, mélangé à
une certaine quantité d'argile réfractaire, sert à faire
des creusets capables de supporter une température
de 1.500° et dans lesquels on fond l'acier.

Comme il est bon conducteur de l'électricité, on le dépose sous forme d'une poudre fine à la surface des moules employés dans la galvanoplastie.

Combustibles minéraux

211. Anthracites. — L'anthracite est un charbon brillant, compact que l'on extrait dans la Mayenne, le Maine-et-Loire et l'Isère.

Il contient de 90 à 92 0/0 de carbone. Sa combustion assez difficile, exige un bon courant d'air, mais dégage beaucoup de chaleur. — Il est employé pour le chauffage.

212. Houilles. — Les houilles sont des charbons moins compacts que l'anthracite et renfermant de 75 à 83 0/0 de carbone. Au sortir de la mine elles contiennent 2 à 5 0/0 d'eau. Voici la composition d'une houille riche en carbone.

Carbone................... 83
Oxygène................... 6,5
Hydrogène............... 5
Azote....................... 1
Soufre...................... 0,5
Eau 2
Cendres (silice, sels de potassium)............... 2

100 parties en poids.

On distingue les *houilles grasses* qui se boursouflent sous l'action de la chaleur et brûlent avec une flamme longue et les *houilles maigres* dont la flamme est plus courte et qui dégagent moins de chaleur.

Les houilles sont exploitées en France dans les départements du Nord, du Pas-de-Calais, de Saône-et-Loire, de la Loire, du Gard, etc.

Une partie de la houille est utilisée pour le chauffage, l'autre partie est *pyrogénée*, c'est-à-dire soumise à l'action de températures supérieures à 800° en vase clos pour la préparation du gaz d'éclairage, du coke et des goudrons.

213. Lignites. — Les lignites sont des charbons bien moins riches en carbone que les houilles ; ils n'en contiennent en effet que de 45 à 25 0/0. Par contre, au sortir de la mine, ils renferment une forte proportion d'eau, de 30 à 60 0/0 suivant les gisements ; aussi sont-ils de mauvais combustibles.

On les exploite en France dans les Bouches-du-Rhône les Basses-Alpes, etc.

Une variété de lignite est constituée par le *jais* ou jayet, qui se présente à l'état de solide compact, noir et brillant. Il est susceptible d'acquérir un beau poli et s'emploie comme objet de parure.

ORIGINE DE L'ANTHRACITE, DES HOUILLES ET DES LIGNITES. — Ces trois charbons proviennent de la décomposition de végétaux ayant vécu, il y a un grand nombre de milliers d'années. Les lignites sont plus récents que les deux autres combustibles.

214. Tourbes. — Les tourbes sont des matières noires ou brunes résultant de la décomposition de certaines plantes sur des sols marécageux. Ce sont généralement des *mousses* qui, en France, se transforment progressivement en tourbe : dans les couches superficielles, les éléments végétaux sont encore reconnaissables, mais ils ne le sont plus dans les parties situées à 4 ou 5 mètres de profondeur qui constituent la *tourbe compacte*.

La tourbe est utilisée comme litière dans les étables, en raison de la grande quantité d'urine qu'elle peut absorber. Elle est employée parfois directement comme combustible, malgré la forte proportion d'eau qu'elle contient.

Il est préférable d'éliminer ce liquide en comprimant des blocs de tourbe, puis en les desséchant à l'aide d'un courant d'air chaud à 100°. La tourbe, qui perd par ce traitement les $\frac{4}{5}$ de son poids est ensuite pyrogénée comme la houille, et donne comme elle des gaz, des goudrons et une sorte de coke (*charbon de tourbe*)

Charbons artificiels

215. Les charbons artificiels forment deux séries :

1° Les noirs de fumée, obtenus par la combustion incomplète de certains composés organiques naturels (§ 205).

2° Les charbons obtenus en chauffant au rouge, à l'abri de l'air, les corps organiques naturels (§ 204).

Charbons de houille : coke et charbon des cornues à gaz ;

Charbon de tourbe ;

Charbon de bois :

Charbon d'os ou noir animal ;

Charbon de sucre.

216. Noirs de fumée. — Les corps organiques qui renferment une grande quantité de carbone, tels que les camphres (79 0/0 de C), les graisses et les huiles (70 à 78 0/0 de C), les résines brûlent à l'air avec une flamme fuligineuse, qui tient en suspension de fines particules de charbon. Celles-ci recouvrent la surface de tout corps froid (métal, porcelaine) que l'on introduit dans la flamme et y forment une masse noire, pulvérulente qui est le noir de fumée.

La quantité de carbone mis en liberté est encore plus grande si les composés organiques cités plus haut brûlent dans des chambres renfermant une quantité limitée d'air.

Les noirs de fumée contiennent de 96 à 97 0/0 de carbone, associé à une petite quantité de substances organiques. Ils sont employés dans la fabrication de l'encre d'imprimerie, de l'encre de Chine, du cirage et des vernis noirs.

217. Coke. — Le coke est le charbon qui reste dans le récipient où s'effectue la distillation de la houille. 100 kilogrammes de houille donnent de 60 à 70 kilogrammes de coke [1] ayant la composition moyenne suivante :

Carbone..................	90	
Hydrogène................	}	
Oxygène, Azote............	}	3
Matières minérales (cendres)..	7	

100 parties en poids.

Le coke s'allume plus difficilement que la houille, mais il dégage plus de chaleur.

On en distingue deux variétés :

1° Le *coke des cornues à gaz* qui est poreux, léger,

---

1. 1 hectolitre de coke pèse approximativement 38 kilogrammes.

et qui est obtenu en distillant durant 4 heures la houille disposée en couche mince. Il sert au chauffage domestique ;

2° *Le coke métallurgique* qui est compact et que l'on prépare en distillant pendant près de deux jours la houille accumulée sous une forte épaisseur.

Il est employé pour le chauffage des fours industriels.

218. Charbon des cornues à gaz. — C'est un charbon compact, assez dur, qui se dépose à la partie supérieure des cornues où l'on distille la houille pour fabriquer le gaz d'éclairage. Il constitue du carbone presque pur, et ne contient que des traces d'hydrogène.

Il est comme le graphite bon conducteur de l'éleccité : on l'emploie dans certains modèles de piles et dans les appareils pour l'éclairage électrique.

219. Charbon de bois. — Le charbon de bois est le résidu laissé par le bois qui est chauffé au rouge à l'abri de l'air. Le bois *sec* contient plus de 40 0/0 de carbone, 1 0/0 de matières minérales ; le reste est formé par de l'hydrogène et de l'oxygène.

Chauffé à l'air, le bois se transforme en acide carbonique et vapeur d'eau et laisse comme résidu une petite quantité de cendres (*carbonate de potassium*, etc.).

Chauffé au rouge à *l'abri de l'air*, le bois subit une décomposition qui produit le *charbon de bois* et de nombreux corps volatils (§ 204). Ceux-ci circulent dans des récipients refroidis où ils se condensent partiellement. Les parties qui restent gazeuses sont le méthane CH^4, l'oxyde de carbone et l'acide carbonique ; celles qui deviennent liquides sont l'alcool méthylique ou esprit de bois, l'acétone, l'acide acétique, la créosote.

Cent kilogrammes de bois donnent ainsi 25 kilogrammes de charbon de bois contenant jusqu'à 87 0/0 de carbone.

Les charbons de bois préparés à haute température sont compacts, denses, bons conducteurs de l'électricité et de la chaleur, et assez difficilement inflammables : si on les chauffe en un point, la chaleur se propage dans toute la masse de sorte qu'aucune partie n'est portée à la température de combustion.

Les charbons de bois, obtenus à températures moins élevées (400°) sont poreux, légers, moins bons conducteurs de la chaleur et par suite facilement inflammables. Ce sont eux qui entrent dans la composition de la poudre noire.

220. Propriétés absorbantes. — Les charbons de bois absorbent les gaz, mais à des degrés divers, car leur porosité dépend de la nature du bois calciné et de la température à laquelle ils ont été préparés. Les charbons de buis et de sapin sont parmi ceux qui retiennent le plus de gaz.

Un morceau de charbon de bois est porté au rouge, puis refroidi dans le mercure, pour le priver de l'air condensé dans ses pores ; si on l'introduit ensuite dans une éprouvette renfermant un gaz sur la cuve à mercure, le niveau de ce liquide s'élève ; le charbon, plus léger, monte aussi et reste à la surface du mercure, au contact du gaz qu'il absorbe.

Les charbons qui ont ainsi condensé les gaz ammoniac, acide chlorhydrique, etc., les laissent dégager peu à peu quand on les replace dans l'air, et ils exhalent l'odeur de ces gaz.

Le charbon absorbe surtout les gaz *très solubles dans l'eau ou facilement liquéfiables*.

A la température de 12° et sous la pression 760 millimètres, 1 volume de charbon de bois absorbe

90 volumes de gaz ammoniac, liquéfiable à — 34°
85 — d'acide chlorhydrique — à — 80°
9 — d'oxygène — à — 183°
2 — d'hydrogène — à — 252°

Le pouvoir absorbant du charbon est considérable aux basses températures.

	Volume absorbé à 0°.	Volume absorbé à — 185°.
Oxygène.....	18cc	230cc soit 13 fois plus
Azote........	15cc	155cc — 10 —
Hydrogène...	4cc	135cc — 33 —

Le charbon de bois, refroidi dans l'air liquide, permet de faire rapidement le vide, et de séparer l'azote de l'oxygène de l'air, ou plus exactement, d'obtenir un mélange gazeux riche en oxygène.

Les eaux croupies se purifient en traversant une couche suffisamment épaisse de charbon de bois qui retient les gaz ammoniac, hydrogène sulfuré, causes de l'infection de ces eaux.

221. Noir animal. — I. Noir animal retiré des os. — Les os contiennent 33 0/0 d'une matière *organique* azotée appelée *osséine*, et 67 0/0 de substances minérales (§ 181).

Lorsqu'on les chauffe au rouge en vase clos, l'osséine se décompose : il se dégage des produits volatils qui par leur condensation partielle constituent le *goudron animal*, et il reste dans le récipient un corps noir poreux, le *noir animal*, qui contient 10 à 12 0/0 de carbone, mélangé à toutes les matières minérales de l'os.

II. Noir animal retiré du sang. — Ce noir est obtenu en calcinant dans un vase fermé un mélange de sang et de carbonate de sodium.

Le noir animal retient certaines matières colorantes. Le vin rouge, la teinture de tournesol, une solution alcoolique de chlorophylle (matière verte des feuilles) agités avec une quantité suffisante de noir se décolorent et fournissent par filtration des liquides incolores.

Après un certain usage, le noir ne peut plus servir tel que : on le calcine au rouge en vase clos pour détruire la matière colorante qu'il a absorbée. Il est alors « revivifié » et peut être employé à nouveau.

Le noir animal est utilisé pour décolorer les jus sucrés et pour purifier divers composés organiques souillés de matières colorantes.

222. Résumé. — On a vu (§ 203) la richesse en carbone des *charbons naturels* ; le tableau suivant indique les quantités de carbone contenues dans quelques charbons artificiels :

Noir de fumée........	96 à 97 0/0 de carbone	
Coke...............	90 —	—
Charbon de bois......	72 à 88 —	—
Noir animal.........	10 à 12 —	—

Combinaisons du carbone avec l'oxygène

223. Le carbone forme avec l'oxygène deux composés :

L'oxyde de carbone CO ;

L'acide carbonique CO^2.

Oxyde de carbone CO

Poids moléculaire $= 28 \begin{bmatrix} C = 12 \\ O = 16 \end{bmatrix}$

224. Préparation. — Dans les laboratoires, l'oxyde de carbone est souvent préparé en décomposant l'*acide oxalique*.

Celui-ci, qui est obtenu en chauffant la sciure de

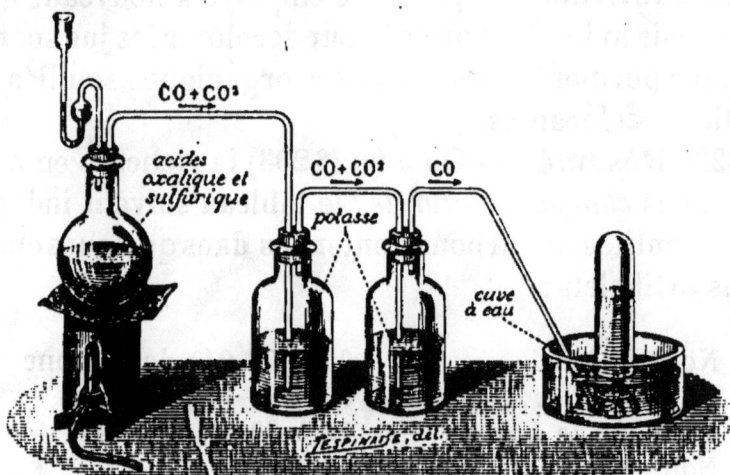

Fio. 52. — Préparation de l'oxyde de carbone par l'acide oxalique et l'acide sulfurique.

bois avec un mélange de soude et de potasse, peut être considéré comme une combinaison d'oxyde de carbone, d'acide carbonique et d'eau

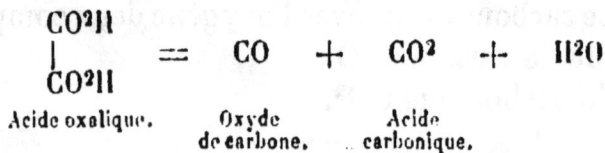

$$\begin{matrix} CO^2H \\ | \\ CO^2H \end{matrix} \quad = \quad CO \quad + \quad CO^2 \quad + \quad H^2O$$

Acide oxalique.   Oxyde   Acide
de carbone.   carbonique.

L'acide sulfurique concentré, avec lequel on le chauffe, provoque sa décomposition en s'emparant de l'eau.

Le mélange des acides oxalique et sulfurique est introduit dans un ballon dont on élève peu à peu la température jusqu'à dissolution complète des cristaux d'acide oxalique. Le mélange d'acide carbonique et d'oxyde de carbone traverse deux laveurs renfermant une dissolution de potasse ou de soude qui retient le premier de ces gaz; le second est recueilli dans des éprouvettes sur la cuve à eau (*fig.* 52).

225. Modes de formation. — L'oxyde de carbone prend naissance:

Dans la combustion du charbon, quand il n'y a pas suffisamment d'oxygène pour transformer ce corps en acide carbonique:

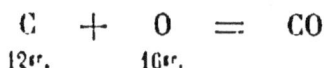

$$C \quad + \quad O \quad = \quad CO$$
$$12^{gr}. \qquad 16^{gr}.$$

Dans l'action du charbon sur l'eau au rouge:

$$C + H^2O = CO + 2H.$$

Il se forme encore lorsqu'un courant d'acide carbonique circule au travers d'une colonne de charbon porté au rouge:

$$CO^2 + C = 2CO.$$

Cette réaction s'effectue dans la plupart des opérations métallurgiques.

La réduction de l'oxyde de zinc et de quelques autres oxydes métalliques par le charbon à la température du rouge vif produit de l'oxyde de carbone.

$$C + ZnO = CO + Zn.$$

226. Propriétés physiques. — L'oxyde de carbone est un gaz incolore, inodore, dont les *propriétés physiques se rapprochent beaucoup de celles de l'azote:* c'est le même point d'ébullition: — 190°, la même densité: 0,97, une solubilité dans l'eau également très faible.

227. Propriétés chimiques. — L'oxyde de carbone se comporte comme un corps *non saturé*, capable de fixer d'autres éléments.

Soit 2 atomes de chlore à la température ordinaire, et sous l'influence de la lumière solaire, il en résulte un gaz nommé oxychlorure de carbone :

$$CO + 2Cl = COCl^2$$

Soit 1 atome d'oxygène ce qui donne le gaz acide carbonique.

$$CO + O = CO^2$$

Cette combustion de l'oxyde de carbone s'effectue au rouge, en produisant *une flamme bleue*, qui permet de reconnaître ce gaz.

Une autre propriété importante de l'oxyde de carbone *est d'être un corps réducteur*. C'est ainsi qu'il enlève l'oxygène aux oxydes métalliques et met le métal en liberté

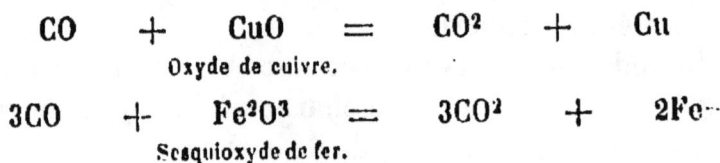

$$CO \quad + \quad CuO \quad = \quad CO^2 \quad + \quad Cu$$
Oxyde de cuivre.

$$3CO \quad + \quad Fe^2O^3 \quad = \quad 3CO^2 \quad + \quad 2Fe$$
Sesquioxyde de fer.

Cette dernière réaction s'accomplit dans les hauts-fourneaux où l'on prépare la fonte.

228. Propriétés physiologiques. — L'oxyde de carbone est un poison. Absorbé par les poumons, il se combine aux globules rouges du sang, prenant la place de l'oxygène qui s'y fixe normalement. Comme il est sans odeur, rien ne décèle tout d'abord sa présence dans l'atmosphère, mais bientôt les personnes qui le respirent éprouvent des maux de tête, des vertiges.

Or l'oxyde de carbone est produit par la combustion incomplète du carbone, laquelle est réalisée dans les poêles mobiles, dans les poêles où les clefs sont fermé es complètement, en général dans tout foyer où le tirage se fait mal. Il importe donc de renouveler fréquemment l'air des appartements chauffés.

229. Applications. — L'oxyde de carbone, gaz combustible, qui en brûlant dégage beaucoup de chaleur est l'un des éléments fondamentaux du gaz à l'eau (§ 208, II) et du gaz de gazogène.

Le gaz d'éclairage ordinaire en contient 8 0/0.

Acide carbonique CO^2

Poids moléculaire $= 44 \begin{bmatrix} C = 12 \\ O^2 = 32 \end{bmatrix}$

230. État naturel. — L'acide carbonique se trouve :

1° Dans l'atmosphère à raison de 3 à 6 litres par 10.000 litres d'air ;

2° En dissolution dans beaucoup d'eaux ;

3° Il forme des dégagements appelés *mofettes* dans d'anciennes régions volcaniques (Auvergne, Eifel).

Ses sels, les *carbonates métalliques*, sont très répandus, particulièrement le *carbonate de calcium* qui est la partie fondamentale des calcaires. Traités par un acide (acides sulfurique, chlorhydrique, etc.) ces carbonates dégagent avec effervescence l'acide carbonique.

231. Préparation dans les laboratoires. — On décompose le carbonate de calcium par l'acide chlorhydrique.

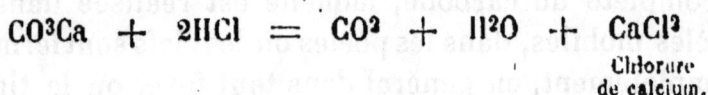

$$CO^3Ca + 2HCl = CO^2 + H^2O + CaCl^2$$

Chlorure
de calcium.

La réaction s'effectuant à froid, on prend un flacon dans lequel on introduit des fragments de marbre cal-

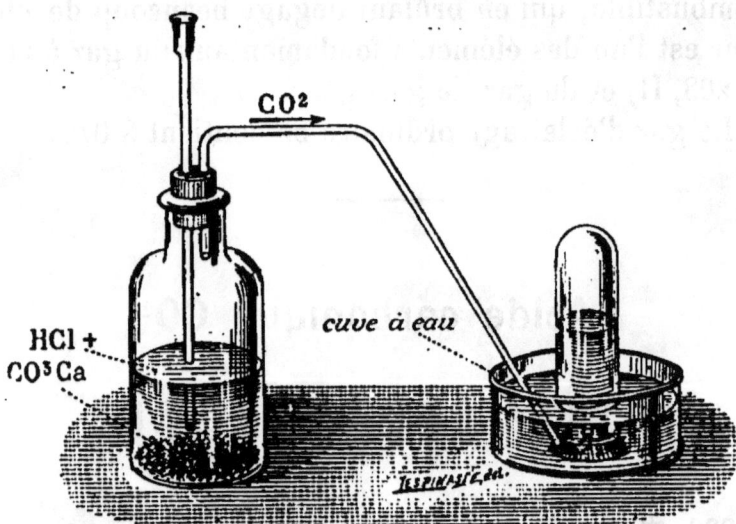

FIG. 53. — Préparation de l'acide carbonique
par le carbonate de calcium et l'acide chlorhydrique.

caire et de l'eau. Par le tube de sûreté, on verse peu à peu de l'acide chlorhydrique, et le gaz carbonique est recueilli sur la cuve à eau (*fig.* 53).

Purification de l'acide carbonique. — L'acide carbonique préparé, comme il vient d'être dit, est mélangé à de l'acide chlorhydrique que l'on arrête au moyen d'un laveur contenant une solution de bicarbonate de sodium sur lequel il réagit :

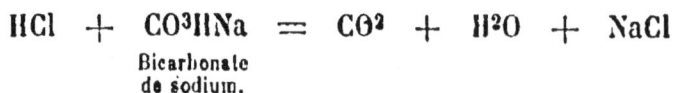

$$HCl + \underset{\substack{\text{Bicarbonate} \\ \text{de sodium.}}}{CO^3HNa} = CO^2 + H^2O + NaCl$$

232. Préparations industrielles. — I. On décompose le carbonate de calcium, pris à l'état de craie, par l'acide sulfurique.

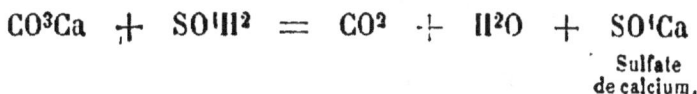

$$CO^3Ca + SO^4H^2 = CO^2 + H^2O + \underset{\substack{\text{Sulfate} \\ \text{de calcium.}}}{SO^4Ca}$$

Des agitateurs mécaniques brassent continuellement les substances de manière à empêcher le dépôt de sulfate de calcium, ce qui arrêterait la réaction.

C'est en raison de l'insolubilité du sulfate, que dans les laboratoires, on préfère attaquer le marbre calcaire par l'acide chlorhydrique, lequel donne lieu au chlorure de calcium, corps très soluble dans l'eau.

II. Décomposition du carbonate de calcium au rouge vif :

$$CO^3Ca = CO^2 + CaO.$$

Cette réaction permet d'obtenir de la chaux.

III. Combustion du coke dans un grand excès d'air :

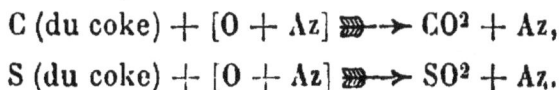

$$C \text{ (du coke)} + [O + Az] \Longrightarrow CO^2 + Az,$$
$$S \text{ (du coke)} + [O + Az] \Longrightarrow SO^2 + Az.$$

12

L'acide carbonique produit ainsi est mélangé à de l'azote et à une petite quantité d'acide sulfureux. Un laveur à eau retient celui-ci, puis le mélange des deux autres gaz est envoyé dans un cylindre rempli de coke arrosé par une dissolution de carbonate de sodium s'écoulant d'un réservoir supérieur. Ce sel absorbe l'acide carbonique et passe à l'état de bicarbonate, tandis que l'azote se dégage.

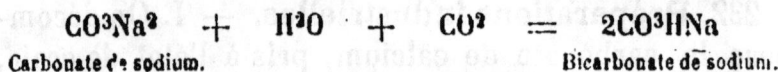

$$CO^3Na^2 \ + \ H^2O \ + \ CO^2 \ = \ 2CO^3HNa$$
Carbonate de sodium.   Bicarbonate de sodium.

Le bicarbonate est envoyé dans des chaudières où une température de 100° le décompose :

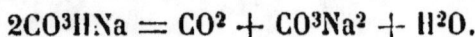

$$2CO^3HNa = CO^2 + CO^3Na^2 + H^2O.$$

Le carbonate ainsi récupéré servira à nouveau et l'acide carbonique, maintenant débarrassé de l'azote, est emmagasiné dans un gazomètre.

IV. La fermentation alcoolique de l'amidon et des sucres dégage des quantités considérables d'acide carbonique. Certaines distilleries de grains recueillent ce gaz, puis le liquéfient.

233. **Propriétés physiques.** — L'acide carbonique est un gaz incolore, doué d'une odeur légèrement piquante et à saveur aigrelette. Il est plus lourd que l'air ($d = 1,53$).

Poids de 1 litre de CO^2 à 0° et à 760
$$= 1,53 \times 1,293 = 1^{gr},978.$$

Un peu soluble dans l'eau : 1 litre de ce liquide dissout à 0° sous la pression de 1 atmosphère $1^{lit},8$ de gaz carbonique :

Il est facilement liquéfiable soit à 0° sous la pression de 36 atmosphères soit à — 79° sous celle de 1 atmosphère. Le gaz est liquéfié au moyen de pompes de compression qui le refoulent dans des cylindres en acier, susceptibles d'en contenir 7 à 8 kilogrammes. Quand on ouvre le robinet qui ferme l'un de ces récipients, le liquide s'échappe ; une partie se vaporise, ce qui abaisse la

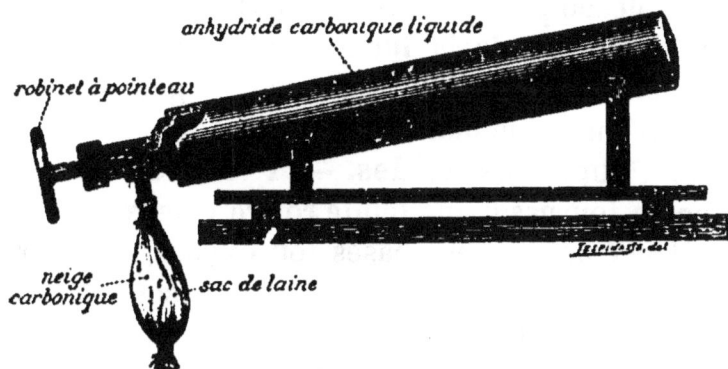

anhydride carbonique liquide

robinet à pointeau

neige carbonique — sac de laine

Fig. 54. — Tube en acier contenant de l'anhydride carbonique liquide.

température de l'autre partie, laquelle se solidifie sous forme d'un corps ayant l'aspect de la neige. Celle-ci est recueillie dans un sac en drap fermé de toute part et fixé au tube de sortie (fig. 54).

Cette neige carbonique, abandonnée à l'air, se transforme lentement en gaz, sa température restant à — 79°.

234. Propriétés chimiques. — L'acide carbonique est réduit par les corps simples avides d'oxygène, à la température du rouge : il est ramené à l'état d'oxyde de carbone. Il en est ainsi avec l'hydrogène, le carbone :

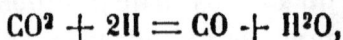

$$CO^2 + 2H = CO + H^2O,$$
$$CO^2 + C = 2CO.$$

Cette dernière réaction s'effectue dans les fourneaux contenant une épaisse couche de charbon porté à l'incandescence.

Il est décomposé par les organes verts des végétaux sous l'influence de la lumière solaire : son carbone reste dans la plante, tandis que son oxygène se dégage, au moins en partie dans l'atmosphère.

235. Propriétés acides. — 1° L'acide carbonique donne au tournesol une teinte rouge vineux.

2° Il se combine aux bases (ou oxydes) pour former des carbonates. C'est ainsi qu'il est absorbé à la température ordinaire par les alcalis (potasse et soude) lentement, s'ils sont secs, très rapidement en présence de l'eau.

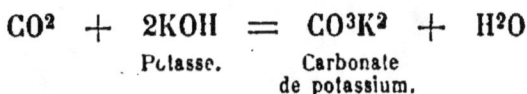

$$\underset{\text{Potasse.}}{CO^2} + 2KOH = \underset{\substack{\text{Carbonate} \\ \text{de potassium.}}}{CO^3K^2} + H^2O$$

Les carbonates de potassium et de sodium sont solubles dans l'eau :

Le gaz acide carbonique est absorbé pareillement par l'eau de chaux, l'eau de baryte, mais ces liquides se troublent par suite de la production de *carbonates insolubles* :

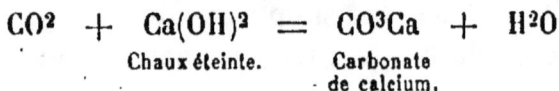

$$CO^2 + \underset{\text{Chaux éteinte.}}{Ca(OH)^2} = \underset{\substack{\text{Carbonate} \\ \text{de calcium.}}}{CO^3Ca} + H^2O$$

Si le gaz acide carbonique arrive en excès, le précipité de carbonate se dissout, parce que le bicarbonate de calcium qui prend naissance est soluble dans l'eau.

On a vu de même (§ 232, III) la transformation d'une solution de carbonate de sodium en bicarbonate par un courant d'acide carbonique :

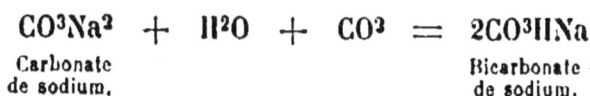

$$CO^3Na^2 \; + \; H^2O \; + \; CO^3 \; = \; 2CO^3HNa$$

Carbonate   Bicarbonate
de sodium.   de sodium.

Le corps qui vient d'être étudié et qui répond à la formule CO^2 est souvent appelé *anhydride carbonique*.

En fixant H^2O sur l'anhydride sulfurique SO^3, on obtient l'acide sulfurique hydraté SO^3H^2O ou $SO^2\begin{smallmatrix} \diagup OH \\ \diagdown OH \end{smallmatrix}$ qui est un corps bien connu, et qui fonctionne comme acide bibasique. En fixant H^2O sur l'anhydride carbonique CO^2, on devrait obtenir l'*acide carbonique hydraté* CO^2H^2O ou CO^3H^2 ou encore $CO\begin{smallmatrix} \diagup OH, \\ \diagdown OH \end{smallmatrix}$ mais qui n'a pas pu être isolé.

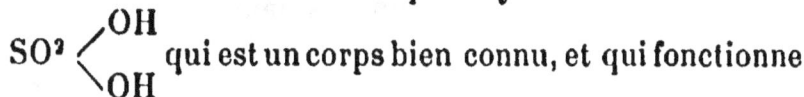

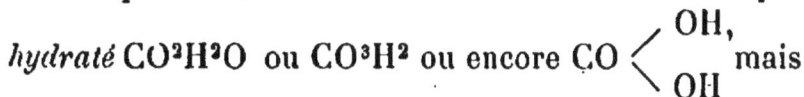

La dernière de ces formules permet d'expliquer l'existence de deux séries de sels correspondants à l'acide carbonique, lequel est *ainsi un acide bibasique*.

Première série :

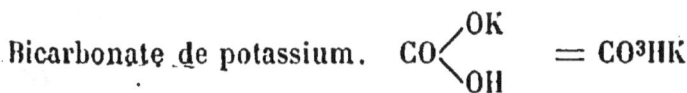

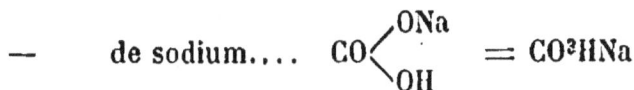

Bicarbonate de potassium. $CO\begin{smallmatrix} \diagup OK \\ \diagdown OH \end{smallmatrix} = CO^3HK$

—   de sodium.... $CO\begin{smallmatrix} \diagup ONa \\ \diagdown OH \end{smallmatrix} = CO^3HNa$

Bicarbonate d'ammonium (ou d'ammoniaque).....

$$CO \begin{cases} OAzH^4 \\ OH \end{cases} = CO^3H\,AzH^4$$

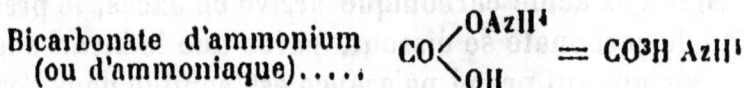

Deuxième série :

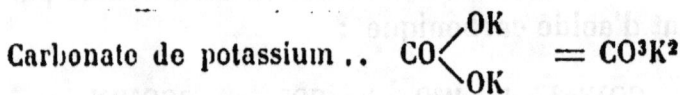

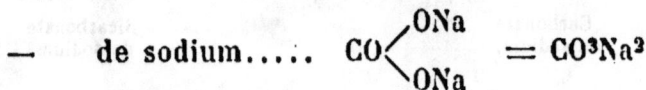

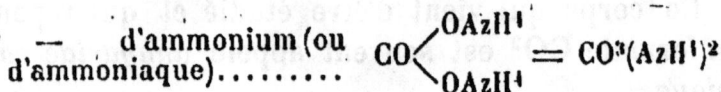

Carbonate de potassium ..

$$CO \begin{cases} OK \\ OK \end{cases} = CO^3K^2$$

—   de sodium.....

$$CO \begin{cases} ONa \\ ONa \end{cases} = CO^3Na^2$$

—   d'ammonium (ou d'ammoniaque)........

$$CO \begin{cases} OAzH^4 \\ OAzH^4 \end{cases} = CO^3(AzH^4)^2$$

236. Réactif de l'acide carbonique. — On décèle la présence de l'acide carbonique dans un récipient en y versant soit de l'eau de chaux soit de l'eau de baryte. Ces liquides parfaitement limpides se troublent par suite de la formation de carbonates de calcium ou de baryum qui sont des corps blancs, insolubles dans l'eau :

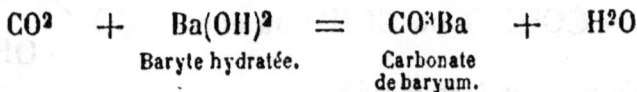

$$CO^2 \quad + \quad Ba(OH)^2 \quad = \quad CO^3Ba \quad + \quad H^2O$$

Baryte hydratée.   Carbonate de baryum.

Mais, lorsqu'on veut enlever l'acide carbonique à un mélange gazeux, on fait passer celui-ci dans une dissolution de potasse (§ 235).

237. Propriétés physiologiques. — L'acide carbonique est un poison, moins violent toutefois que l'oxyde de carbone.

Les animaux, et dans certains cas, les végétaux, rejettent dans l'atmosphère des quantités considérables d'acide carbonique : un homme en produit 18 litres par heure.

Le gaz carbonique, plus lourd que l'air le déplace.

Une bougie brûle au fond d'une éprouvette pleine d'air : elle s'éteint dès qu'on y verse le gaz carbonique contenu dans une autre éprouvette (*fig.* 55).

Pour reconnaître si l'air d'une cave, d'un puits, d'une grotte contient une quantité notable d'acide carbonique, on y introduit une bougie allumée qui s'éteint quand l'atmosphère renferme plus de 15 0/0 de ce gaz.

238. Applications. — 1° Le gaz carbonique sert à la fabrication des eaux ga-zeuses, telles que les eaux

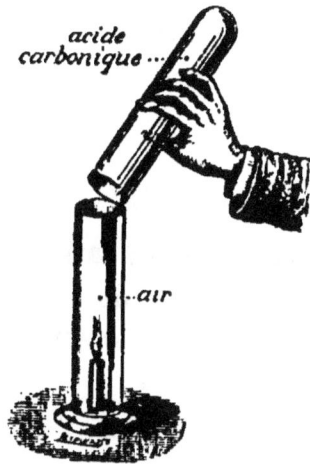

Fig. 55. — Extinction d'une bougie par l'acide carbo-nique.

de Seltz, contenues dans des vases en verre épais et où l'acide carbonique est dissous dans l'eau sous une pres-sion de 6 atmosphères ;

2° Comme l'acide carbonique s'oppose aux fermenta-tions, on l'introduit à l'état de gaz dans les tonneaux de bière et de vin en vidange pour empêcher l'altéra-tion de ces liquides ;

3° La pression que l'acide carbonique liquide peut fournir est utilisée pour faire monter la bière de la cave à l'étage où elle doit être consommée ;

4° La neige carbonique seule ou mélangée à des liquides (éther, acétone) est utilisée pour la production des froids (température de — 70°).

Sulfure de Carbone CS²

$$\text{Poids moléculaire} = 76 \begin{bmatrix} C = 12 \\ 2S = 64 \end{bmatrix}$$

239. Préparation. — Le sulfure de carbone n'est préparé que dans l'industrie, par la combinaison du carbone avec le soufre au rouge vif :

$$C + 2S = CS^2.$$

240. Propriétés physiques. — Le sulfure de carbone est un liquide incolore, d'une odeur non désagréable lorsqu'il est pur. L'odeur repoussante qu'il a fréquemment est due à des composés sulfurés avec lesquels il est mélangé, et que l'on enlève en le laissant en contact pendant vingt-quatre heures avec de la tournure de cuivre; on filtre, puis on distille.

Il est plus lourd que l'eau : sa densité par rapport à ce liquide est égale à 1,293.

Il bout à 45° et se solidifie à — 110°.

A peu près insoluble dans l'eau, il dissout le brome, l'iode, le soufre, le phosphore jaune et beaucoup de matières organiques (graisses, caoutchouc, etc.).

241. Propriétés chimiques. — Le chlore décompose le sulfure de carbone en se combinant à chacun de ses éléments :

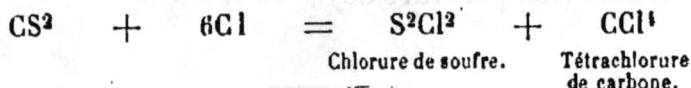

$$CS^2 \quad + \quad 6Cl \quad = \quad S^2Cl^2 \quad + \quad CCl^4$$

Chlorure de soufre.　　Tétrachlorure de carbone.

(et c'est ainsi que l'on prépare le tétrachlorure de carbone, très employé comme dissolvant).

Le sulfure de carbone brûle à l'air avec une flamme bleue :

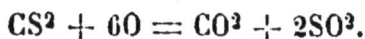

$$CS^2 + 6O = CO^2 + 2SO^3.$$

C'est un corps extrêmement inflammable ; il l'est plus que l'éther, et une baguette de verre rougie, plongée d'abord dans l'éther, puis dans le sulfure de carbone n'enflamme que ce dernier. Donc en raison de sa grande volatilité et de sa facile combustibilité, il faut éloigner le sulfure de carbone de tout corps incandescent, et ne le distiller qu'à l'aide d'un courant de vapeur d'eau.

En présence des alcalis, il donne des *sulfocarbonates* dont la formule rappelle celle des carbonates alcalins :

CO^3K^2 : carbonate de potassium ;

CS^3K^2 : sulfocarbonate de potassium, dont la solution aqueuse rouge est utilisée pour détruire le phylloxera, insecte parasite de la vigne.

242. Applications. — Le sulfure de carbone est employé :

Pour séparer le phosphore rouge du phosphore jaune, il ne dissout que ce dernier ;

Pour dissoudre le soufre que l'on introduit dans le caoutchouc à l'effet de le *vulcaniser* (§ 92).

C'est un *bon dissolvant des corps gras* : aussi l'utilise-t-on pour enlever les graisses qui imprègnent les laines, pour extraire l'huile des grignons d'olives et de diverses graines et pour nettoyer les chiffons gras.

CHAPITRE X

Acide Borique — Silice

Acide borique BO³H³

Poids moléculaire $= 62$ $\begin{bmatrix} B = 11 \\ O^3 = 48 \\ H^3 = 3 \end{bmatrix}$

243. État naturel. — L'acide borique existe à l'état libre dans les *suffioni* ou jets de vapeur d'eau et de gaz (principalement acide carbonique et hydrogène sulfuré) qui s'échappent du sol dans diverses localités de la Toscane.

On le trouve aussi combiné aux métaux : borate de sodium dans des lacs du Thibet et du Nevada (Etats-Unis), borate de calcium en Asie Mineure.

244. Préparation. — Autour des crevasses du sol, par lesquelles sortent les suffioni, on a construit des bassins circulaires que l'on remplit d'eau. L'acide borique, entraîné par les vapeurs, s'y dissout. La solution ainsi obtenue est concentrée, puis abandonnée au refroidissement : il se dépose des paillettes d'acide borique impur.

On le purifie en le dissolvant dans une solution chaude

de carbonate de sodium. Par refroidissement, le *borax* qui s'est formé cristallise.

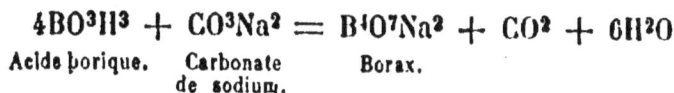

$$4BO^3H^3 + CO^3Na^2 = B^4O^7Na^2 + CO^2 + 6H^2O$$

Acide borique.   Carbonate   Borax.
de sodium.

On dissout le borax dans l'eau bouillante et on ajoute peu à peu de l'acide chlorhydrique jusqu'à ce que le liquide communique à un papier de tournesol une couleur rouge pelure d'oignon, ce qui indique que l'on a versé un excès d'acide chlorhydrique.

L'acide borique qui se dépose par refroidissement, est lavé à l'eau froide, puis purifié par cristallisation.

245. Propriétés. — L'acide borique se présente sous forme de paillettes blanches, brillantes, très peu solubles dans l'eau froide. Un litre d'eau en dissout 29 grammes à 12° et une quantité 10 fois plus forte, soit 290 grammes à 100°.

Chauffé au rouge sombre, l'acide borique se transforme en *anhydride borique*, corps qui ne contient plus d'hydrogène.

$$2BO^3H^3 = B^2O^3 + 3H^2O.$$

L'acide borique est un acide faible, qui dégage peu de chaleur en réagissant sur les alcalis et qui ne fait virer le tournesol bleu qu'au *rouge vineux*.

Son mélange avec l'alcool ordinaire, brûle avec une flamme verte.

246. Applications. — L'acide borique est employé comme antiseptique (eau boriquée, vaseline boriquée).

Il sert à la préparation du borax, du verre d'Iéna,

des émaux, et à la fabrication des bougies : les mèches sont imprégnées d'acide borique qui a la propriété de dissoudre la cendre formée lors de la combustion.

Borax $B^4O^7Na^2$

247. Le borax se prépare au moyen de l'acide borique naturel et du carbonate de sodium (§ 244).

Il se présente à l'état de cristaux qui contiennent 10 molécules d'eau de cristallisation.

Le borax chauffé subit la *fusion aqueuse*, c'est-à-dire qu'il se dissout dans son eau de cristallisation.

Puis l'eau se volatilisant, le sel redevient solide et fond au rouge en donnant naissance à une masse transparente que l'on peut étirer en fils comme le verre.

La *perle incolore* de borax dissout les oxydes métalliques et prend une coloration variable avec chaque métal, ce qui permet de reconnaître celui-ci.

Le borax est employé dans les soudures métalliques; les surfaces en contact sont saupoudrées de borax et portées au rouge : le sel fond et dissout les oxydes qui peuvent exister sur les pièces à souder. Les métaux, ainsi *décapés*, sont susceptibles d'être réunis, quand on les chauffe avec la *soudure des plombiers*, qui est un alliage de plomb et d'étain fusible vers 200°.

Le borax est encore associé aux sels ammoniacaux pour rendre les étoffes et les bois ininflammables. Mélangé à l'empois d'amidon, il donne au linge plus de fermeté et plus de brillant.

Silice SiO²

Poids moléculaire $= 60 \begin{bmatrix} Si = 28 \\ O^2 = 32 \end{bmatrix}$

248. État naturel. — La silice est très répandue dans la nature soit à l'état, libre soit à l'état de combinaisons (silicates).

La silice anhydre et cristallisée constitue le *quartz* ou *cristal de roche*, qui se présente souvent sous la forme de prismes hexagonaux réguliers terminés par des pyramides à six faces. Tout à fait pur, le quartz est incolore, mais on le rencontre coloré en violet par du manganèse (*améthyste*), ou en noir par des substances charbonneuses (*quartz enfumé*). La silice anhydre et amorphe, colorée par divers oxydes métalliques en rouge, en vert, etc., porte les noms d'*agate* et de *cornaline*.

La silice hydratée constitue les diverses variétés d'*opale*, et la silice mélangée à des oxydes de fer, à de

Fig. 56. — Cristal de quartz (prisme hexagonal bipyramidé).

l'alumine, à du calcaire forme les sables, les silex, les grès, les pierres meulières.

La silice existe en dissolution dans les eaux; elle se trouve encore dans un grand nombre de végétaux, particulièrement dans les graminées (blé, etc.), les prêles et dans certaines algues appelées Diatomées.

La silice forme avec les métaux de multiples combi-

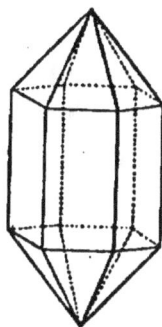

13

naisons que l'on nomme des *silicates* : silicates de potassium, de sodium, de calcium, de magnésium, de fer, d'aluminium qui entrent dans la composition de nombreuses roches : les granites, les laves, la pierre ponce, les ardoises, etc.

Les substances siliceuses comprennent encore les *micas* qui sont des silicates d'aluminium, de fer, de magnésium et de potassium, et les *argiles* qui sont des mélanges de quartz SiO^2 et de silicate d'aluminium hydraté.

249. Préparation de la silice en partant du sable. — Le sable blanc, chauffé au rouge vif avec du carbonate de sodium, se transforme en *silicate de sodium* que l'on dissout dans l'eau. A cette solution concentrée, on ajoute un excès d'acide chlorhydrique concentré : il se fait un précipité blanc de *silice gélatineuse*, qui est assez consistant pour qu'une baguette de verre qu'on y enfonce se maintienne verticale et pour qu'il ne s'écoule pas quand on retourne le vase.

Le précipité est lavé, puis séché dans le vide. En le chauffant au rouge sombre, on lui enlève toute trace d'eau et on obtient une poudre blanche répondant à la formule SiO^2 et qui est de la *silice anhydre*.

250. Propriétés physiques. — Le quartz est un corps très dur qui raie le verre. Sa densité est 2, 6. Sa fusion ne se fait qu'à des températures très élevées, et s'opère à l'aide du chalumeau alimenté par de l'hydrogène et de l'oxygène ou par du gaz d'éclairage et de l'oxygène. On peut l'étirer en fils très fins et le travailler comme le verre : on obtient ainsi des tubes, des ballons transparents dont la dilatation est très faible, ce qui leur permet de résister à de brusques variations de température. Un tube de quartz, fermé à une extrémité, ne casse pas, quand après avoir été porté au rouge, on le plonge brusquement dans l'eau froide.

La silice anhydre est insoluble dans l'eau ; la silice hydratée se dissout dans ce liquide en présence de l'acide chlorhydrique ou de l'acide carbonique.

251. Propriétés chimiques. — La silice est difficilement réductible. Le carbone la décompose à la température du four électrique : il se produit du *siliciure de carbone* SiC, appelé encore *carborundum*. C'est un corps très dur, servant à user et à polir les pierres et les métaux.

L'aluminium et le magnésium réduisent la silice au rouge et mettent en liberté le *silicium*.

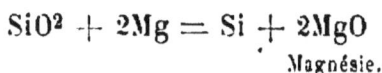

$$SiO^2 + 2Mg = Si + 2MgO$$
$$\text{Magnésie.}$$

L'acide fluorhydrique est le *seul acide* qui attaque la *silice ;* dès la température ordinaire, il se dégage un gaz le *fluorure de silicium* SiF⁴ (§ 25).

$$SiO^2 + 4HF = SiF^1 + 2H^2O.$$

L'acide fluorhydrique agit de même sur les silicates et les verres, de là l'emploi de ce corps dans la gravure sur verre (§ 27).

La *silice possède des propriétés acides*. Elle décompose au rouge les carbonates alcalins; l'acide carbonique se dégage, et il reste un silicate de potassium ou de sodium.

La silice gélatineuse se dissout à froid dans une dissolution de potasse ou de soude ; la silice calcinée s'y dissout à l'ébullition.

252. Applications. — Les sables entrent dans la composition des verres (§ 294), des mortiers (§ 291), des poteries.

Les grès, les meulières servent comme matériaux de construction.

Le quartz est utilisé dans la fabrication de divers appareils de physique et de chimie. Les variétés colorées de silice anhydre (agate, etc.) sont employées en bijouterie.

CHAPITRE XI

Sodium, soude et sels de sodium potasse

Chlorure de sodium NaCl

$$\text{Poids moléculaire} = 58,5 \begin{bmatrix} \text{Na} = 23 \\ \text{Cl} = 35,5 \end{bmatrix}$$

253. État naturel. — Le chlorure de sodium forme dans la terre des amas considérables, connus sous le nom de *sel gemme* (Meurthe-et-Moselle, Doubs, Jura). Il se trouve en dissolution dans les eaux de la mer et dans les eaux de certaines sources.

I. Exploitation des dépôts de sel gemme et des sources salées. — Suivant la profondeur du dépôt, le sel est exploité à ciel ouvert (Cardona en Espagne), ou au moyen de galeries (Wielicza en Galicie). On opère encore par dissolution : un trou de sonde par lequel on introduit de l'eau se termine au milieu de la masse saline. L'eau dissout le sel et s'élève dans un tube placé au milieu du trou de sonde : on l'amène au niveau du sol au moyen de pompes et on l'évapore.

Les eaux salées obtenues par captage ou par forage sont concentrées dans des chaudières.

II. Extraction du chlorure de sodium de l'eau de

mer. — Les eaux de mer (Atlantique et Méditerranée) ont la composition *moyenne* suivante :

Eau....	965^{gr}	
Sels ...	35^{gr}	Chlorure de sodium..... 27^{gr}
		— de magnésium. 3
		Sulfate de magnésium... 5
		Chlorure de potassium. }
		Sulfate de calcium..... } 2
		Bromures, carbonates . }
Total..	1.000^{gr}	

Les eaux sont amenées dans un réservoir élevé d'où elles s'écoulent par des canaux en pente douce dans une série de bassins rectangulaires larges et peu profonds. Par évaporation, elles laissent déposer les sels les moins solubles, carbonate et sulfate de calcium.

Les eaux pénètrent ensuite dans les *tables salantes* où la couche de liquide n'a qu'une épaisseur de quelques centimètres. L'évaporation continuant, les chlorures de sodium et de magnésium se déposent : on les enlève dès qu'ils sont en quantité suffisante et on les dispose sur le sol voisin du marais salant en grosses masses pyramidales.

Le chlorure de magnésium qui est *déliquescent* s'infiltre peu à peu dans le sol et l'on obtient ainsi du chlorure de sodium à peu près pur.

254. Propriétés. — Le chlorure de sodium est un corps solide, blanc, fusible vers 800° et volatil à une température plus élevée. Il n'est guère plus soluble à chaud qu'à froid : 1.000 grammes d'eau dissolvent 360 grammes de ce sel à 13° et 400 grammes à 100°. Cette solution *saturée* bout à 109° sous la pression d'une atmosphère.

Par évaporation de ses dissolutions, le chlorure de sodium se dépose sous forme de cubes qui en s'accolant constituent des pyramides quadrangulaires creuses appelées *trémies*.

Ces cristaux retiennent de l'eau qui se vaporise quand on les chauffe. La tension de la vapeur d'eau amène la division du sel en fragments qui sont lancés de tous côtés : on dit qu'il décrépite.

255. Applications. — Le chlorure de sodium est utilisé dans l'alimentation.

Il est employé pour conserver un certain nombre de substances (salaisons des viandes, des beurres, des légumes, des peaux et des cuirs d'animaux).

Il constitue la matière première de la fabrication du chlore, de l'acide chlorhydrique, du sulfate et du carbonate de sodium, de la soude et du sodium.

256. Électrolyse du chlorure de sodium. — L'électrolyse du chlorure de sodium se fait par deux sortes de procédés :

Dans les uns, on fait passer le courant électrique dans le chlorure de sodium fondu à une température voisine de 800° ; dans les autres, on soumet à l'action du courant une dissolution du sel dans l'eau.

I. Électrolyse du chlorure fondu. — L'appareil employé est divisé en deux compartiments : l'un d'eux contient l'anode en charbon, l'autre la cathode en tôle.

Le courant électrique décompose le chlorure.

$$NaCl = Na + Cl.$$

Le sodium est recueilli à la cathode, le chlore à l'anode.

II. Électrolyse du chlorure dissous. — Au pôle positif (anode) il se dégage du chlore; au pôle négatif (cathode) il se forme tout d'abord du sodium qui réagit sur l'eau.

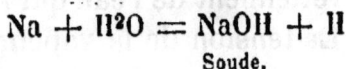

$$Na + H^2O = NaOH + H$$
Soude.

Il importe d'empêcher l'arrivée de la soude vers l'anode, où elle réagirait sur le chlore : ce résultat est obtenu en plaçant entre les deux électrodes une cloison poreuse ou *diaphragme*.

L'anode est en graphite, en charbon ordinaire ou en charbon dont la surface seule est transformée en graphite; la cathode est en tôle ou en cuivre; le diaphragme est constitué par du parchemin, de la porcelaine d'amiante, etc.

Mais si la cuve électrolytique ne contient pas de diaphragme, le chlore réagit sur la lessive de soude, qui se diffuse peu à peu, et donne de nouveaux produits qui varient avec la température et la concentration de la liqueur.

Si la solution est froide et étendue, il se fait un mélange de chlorure et d'hypochlorite (§ 34) :

$$2Cl + 2NaOH = NaCl + ClONa + H^2O.$$

Si la solution est concentrée et sa température plus élevée, on obtient un mélange de chlorure et de chlorate (§ 34) :

$$6Cl + 6NaOH = 5NaCl + ClO^3Na + 3H^2O.$$

Sulfate de sodium SO^4Na^2

Poids moléculaire = 142

257. Préparations. — Le sulfate de sodium forme des dépôts dans diverses localités d'Algérie, d'Espagne, etc.

On le prépare industriellement par les procédés suivants :

I. On fait réagir le chlorure de sodium sur l'acide sulfurique à la température du rouge sombre, ce qui donne du sulfate de sodium et de l'acide chlorhydrique :

$$2NaCl + SO^4H^2 = SO^4Na^2 + 2HCl.$$

La solution d'acide chlorhydrique que l'on trouve dans le commerce est obtenue par cette réaction (§ 38).

II. Le chlorure de sodium est décomposé par un mélange d'anhydride sulfureux, d'air et de vapeur d'eau, à la température de 500° (§ 38) :

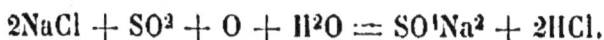

$$2NaCl + SO^2 + O + H^2O = SO^4Na^2 + 2HCl.$$

258. Propriétés. — Le sulfate de sodium se présente à l'état de cristaux anhydres répondant à la formule SO^4Na^2, ou de cristaux hydratés $SO^4Na^2, 10H^2O$; les premiers se déposant dans l'eau à une température supérieure à 33°, les seconds se formant dans l'eau froide.

La solubilité dans l'eau du sulfate hydraté croît avec la température jusqu'à 33°, et diminue au-dessus.

13*

En mélangeant parties à peu près égales de sulfate de sodium et d'acide chlorhydrique, on obtient un abaissement de température de 30°.

259. Applications. — Le sulfate de sodium désigné souvent sous le nom de *sel de Glauber* est employé comme purgatif.

Il sert à fabriquer le carbonate de sodium par le procédé Leblanc. L'industrie du verre en consomme des quantités considérables.

Carbonate de sodium CO³Na²

Poids moléculaire = 106

260. Préparations. — Plusieurs espèces de végétaux qui croissent sur les bords de la mer contiennent des sels de sodium et d'acides organiques (oxalates, etc.) : l'incinération les transforme en carbonate de sodium.

Mais la plus grande partie du carbonate de sodium employé actuellement provient de la transformation du chlorure de sodium opérée soit par le procédé Leblanc, soit par le procédé Solvay.

261. Procédé Leblanc. — Ce procédé consiste à préparer d'abord le sulfate de sodium (§ 257), puis à décomposer ce sel à la température du rouge vif par un mélange de carbonate de calcium et de charbon :

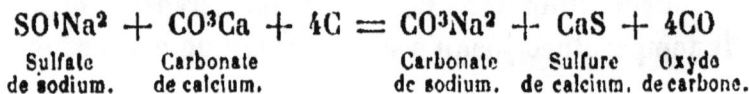

$$SO^4Na^2 + CO^3Ca + 4C = CO^3Na^2 + CaS + 4CO$$

| Sulfate de sodium. | Carbonate de calcium. | | Carbonate de sodium. | Sulfure de calcium. | Oxyde de carbone. |

Le produit brut de l'opération est un mélange de carbonate de sodium très soluble dans l'eau chauffée à 40°, et de sulfure de calcium insoluble dans le même liquide à cette température. Un lavage à l'eau tiède permet de séparer ces deux sels l'un de l'autre et d'obtenir :

1° Des solutions de *carbonate de sodium*, que l'on désigne dans le commerce sous le nom de *lessives de soude* ;

2° Des résidus solides, constitués par du *sulfure de calcium*, et que l'on nomme *marcs* ou *charrées de soude*.

A. Les solutions de carbonate, évaporées à chaud, laissent déposer un sel qui, après calcination, répond à la formule CO^3Na^2.

Une grande partie de ce carbonate anhydre est dissoute dans l'eau chaude : par refroidissement, il se sépare des cristaux de carbonate hydraté $CO^3Na^2 + 10H^2O$, appelés dans le commerce *cristaux de soude*. Ils se dissolvent dans l'eau plus facilement que le sel anhydre, et c'est la raison qui les fait préférer.

B. Des charrées de soude, on retire le soufre par diverses méthodes.

Dans le procédé Chance et Claus, les charrées sont soumises à l'action de l'acide carbonique en présence de l'eau :

$$CaS + CO^2 + H^2O = CO^3Ca + H^2S.$$

Le gaz hydrogène sulfuré est mélangé à une proportion convenable d'air, puis envoyé dans un four contenant du sesquioxyde de fer :

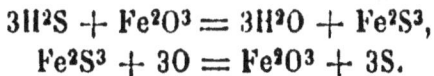

$$3H^2S + Fe^2O^3 = 3H^2O + Fe^2S^3,$$
$$Fe^2S^3 + 3O = Fe^2O^3 + 3S.$$

Les vapeurs de soufre qui prennent naissance sont condensées dans des chambres voisines des fours.

262. Procédé Solvay. — Le procédé Solvay comprend la série des réactions suivantes :

I. Préparation du bicarbonate de sodium. — Du gaz ammoniac circule de bas en haut dans une tour et se dissout dans une solution aqueuse de chlorure de sodium, qui coule d'une manière continue de la partie supérieure de la colonne.

La solution salée ammoniacale ($NaCl + AzH^3 + H^2O$) est envoyée dans des appareils nommés absorbeurs où est introduit en même temps un courant de gaz carbonique (CO^2). Une réaction s'effectue entre ces différents corps et donne naissance à un précipité grenu de bicarbonate de sodium et à du chlorure d'ammonium qui reste en dissolution :

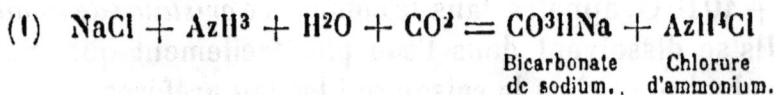

$$(1) \quad NaCl + AzH^3 + H^2O + CO^2 = \underset{\substack{\text{Bicarbonate} \\ \text{de sodium.}}}{CO^3HNa} + \underset{\substack{\text{Chlorure} \\ \text{d'ammonium.}}}{AzH^4Cl}$$

Le bicarbonate est séparé du chlorure par filtration, puis séché à une température d'environ 45°.

II. Calcination du bicarbonate de sodium. — Le bicarbonate de sodium est chauffé à plus de 100°; il se produit du carbonate de sodium et de l'acide carbonique.

$$(2) \quad 2CO^3HNa = CO^3Na^2 + CO^2 + H^2O.$$

Le gaz carbonique dégagé est envoyé dans les absorbeurs et sert à la réaction (1).

III. Régénération de l'ammoniaque. — La solution du chlorure d'ammonium traitée par la chaux dégage du gaz ammoniac (143, 11), que l'on utilise pour la réaction (1).

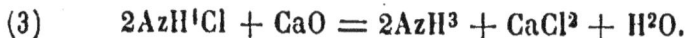

(3) $\qquad 2AzH^4Cl + CaO = 2AzH^3 + CaCl^2 + H^2O.$

IV. Production de la chaux. — La chaux nécessaire à la décomposition du chlorure d'ammonium provient de la calcination du carbonate de calcium, élément fondamental des pierres calcaires.

(4) $\qquad\qquad CO^3Ca = CaO + CO^2.$

L'acide carbonique qui se dégage peut entrer dans la fabrication du bicarbonate (réaction 1).

En résumé, les matières premières employées dans le procédé Solvay sont : *le chlorure de sodium et le calcaire.*

263. Propriétés. — Le carbonate de sodium se trouve dans le commerce à l'état de cristaux répondant à la formule $CO^3Na^2, 10 H^2O.$

Exposés à l'air sec, ces cristaux perdent 9 molécules d'eau et s'*effleurissent*, c'est-à-dire se transforment en une masse blanche pulvérulente, dont la formule est $CO^3Na^2, H^2O.$

Le sel effleuri se déshydrate complètement sous l'action de la chaleur, et devient le carbonate anhydre CO^3Na^2, qui est fusible au rouge vif.

La solubilité du carbonate de sodium dans l'eau croît rapidement avec la température jusqu'à 38°, puis diminue au-dessous. 100 grammes d'eau à 38° dissolvent 1.666 grammes du sel $CO^3Na^2, 10H^3O.$

Le carbonate de sodium est insoluble dans l'alcool.

264. Applications. — Le carbonate de sodium est utilisé sous le nom de *cristaux de soude* dans le dégraissage des laines, le lavage du linge.

Il est employé dans.la fabrication des verres (§ 296) et dans la préparation de la plupart des sels de sodium, notamment du bicarbonate (§ 266), du borax (§ 244), du bisulfite et du sulfite.

Traité par une solution de chlorure de chaux, il se fait de l'eau de Javel dont on a vu un autre mode de préparation (§ 34).

La solution étendue de carbonate, bouillie avec de la chaux fournit la soude (§ 269).

Le charbon à la température de 1.000° réduit complètement le carbonate et met en liberté le sodium

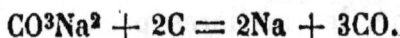

$$CO^3Na^2 + 2C = 2Na + 3CO.$$

Bicarbonate de sodium CO^3HNa

Poids moléculaire = 84

265. État naturel. — Le bicarbonate de sodium se trouve dans plusieurs eaux minérales, en particulier dans l'eau de Vichy.

266. Préparations. — I. Il se prépare par l'action du gaz acide carbonique sur une solution aqueuse de chlorure de sodium et d'ammoniaque. Le procédé Solvay produit de grandes quantités de ce corps (§ 262).

II. On fait passer un courant d'acide carbonique dans une solution saturée de carbonate de sodium : le bicarbonate très peu soluble dans l'eau se précipite :

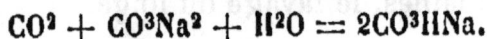

$$CO^2 + CO^3Na^2 + H^2O = 2CO^3HNa.$$

267. Propriétés. — Corps blanc, peu soluble dans l'eau. Une température de 100° le décompose, et les corps qui ont servi à le former sont régénérés.

Cette facile destruction du bicarbonate de sodium par la chaleur est réalisée dans le procédé Solvay (§ 262). Elle permet également de purifier le gaz carbonique produit industriellement (§ 232.)

268. Applications. — Le bicarbonate de sodium est employé en médecine dans la confection des pastilles de Vichy. En raison de la grande quantité d'acide carbonique qu'il donne quand on le traite par un acide, il sert à la fabrication de l'eau de Seltz. Pour dégager 44 grammes de gaz carbonique CO^2, il faut décomposer 106 grammes de carbonate de sodium CO^3Na^2 et seulement 84 grammes de bicarbonate de sodium CO^3HNa, ce qui fait que 4 grammes de ce dernier sel produisent environ 1 litre de gaz carbonique à 0° et 760 millimètres.

Certaines eaux gazeuses sont préparées par la réaction de l'*acide tartrique* sur le bicarbonate de sodium.

Soude NaOH

Poids moléculaire = 40 (Na = 23; O = 16; H = 1)

269. Préparations. — La soude s'obtient par deux procédés.

I. On décompose le carbonate de sodium par un lait de chaux :

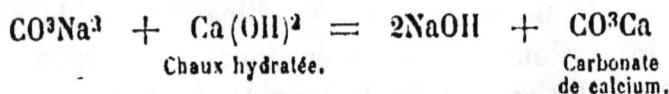

$$CO^3Na^3 \quad + \quad Ca(OH)^2 \quad = \quad 2NaOH \quad + \quad CO^3Ca$$

Chaux hydratée.   Carbonate de calcium.

La chaux est introduite dans une solution aqueuse au $\frac{1}{10}$ de carbonate de sodium amenée préalablement à l'ébullition. On remplace l'eau au fur et à mesure qu'elle s'évapore pour maintenir la solution au même degré de dilution, et on prolonge l'ébullition jusqu'à disparition du carbonate alcalin. A ce moment le liquide ne donne plus d'effervescence avec les acides. On décante la solution de soude pour la séparer du carbonate de calcium précipité, on l'évapore jusqu'à consistance sirupeuse, et on la coule sur une plaque de cuivre : par refroidissement, la soude se solidifie.

Cette opération est désignée sous le nom de *caustification* du carbonate et le produit obtenu est la *soude caustique*.

Cette soude caustique n'est pas pure, elle contient un peu de carbonate de sodium ainsi que les impuretés de ce sel (chlorure, sulfate). On la met au contact de l'alcool qui ne dissout que l'alcali.

On distille ensuite la plus grande partie du dissolvant, et on évapore à sec dans une capsule d'argent.

Le résidu, fondu au rouge sombre, puis coulé sur une plaque d'argent constitue la *soude à l'alcool*.

II. On électrolyse une solution aqueuse de chlorure de sodium (§ 256, II).

Cette méthode, plus rapide que l'autre, supprime la transformation du chlorure en carbonate par le procédé Leblanc ou le procédé Solvay, et la caustification du carbonate.

270. Propriétés. — La soude est un corps solide, blanc, fusible au rouge sombre, soluble dans l'eau et l'alcool.

Elle est attaquée par le chlore (§ 34), le brome (§ 50); elle s'unit aux acides chlorhydrique, sulfurique, azotique en dégageant beaucoup de chaleur. Elle absorbe la vapeur d'eau et l'acide carbonique de l'air.

271. Applications. — La soude est utilisée pour la préparation des savons et d'un grand nombre de produits organiques. Sa décomposition fournit le sodium (§ 272).

Sodium Na

Poids atomique : Na = 23

272. Préparations. — L'industrie retire actuellement le *sodium de la soude* par deux procédés différents :

I. La soude est réduite à la température de 800° par une fonte spéciale renfermant 30 0/0 de charbon et 70 0/0 de fer.

II. La soude est fondue au rouge naissant, puis électrolysée : le sodium devenu libre s'élève à la surface du liquide d'où on l'enlève rapidement.

Le sodium se prépare encore par l'électrolyse du chlorure de sodium fondu (§ 256, I).

On l'a obtenu pendant quelques années en faisant

agir le charbon sur le carbonate de sodium à 1.000° (§ 264).

273. Propriétés. — Le sodium est un métal qui fond à 96° et se volatilise à plus de 700°. Il est un peu plus léger que l'eau ($d_0 = 0,97$).

A la température ordinaire, il a la consistance de la cire, et par compression, on peut forcer le métal à s'écouler par un orifice étroit : on l'obtient ainsi sous forme de fils très minces (*fig.* 57).

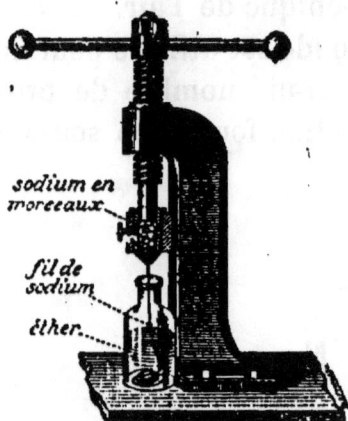

FIG. 57. — Presse pour la production du fil de sodium.

Le sodium présente l'éclat de l'argent ; mais sa surface se ternit rapidement au contact de l'*air humide*, par suite de la production d'une mince couche de soude.

Dans l'*air sec*, le sodium n'est attaqué qu'à 300° et se convertit en une poudre blanche de *bioxyde de sodium* Na^2O^2.

Il décompose l'eau à la température ordinaire avec production de soude pure et dégagement d'hydrogène

$$Na + H^2O = NaOH + H.$$

274. Applications. — Le sodium est conservé soit dans le pétrole soit dans l'air sec.

Il est employé pour dessécher complètement certains liquides (préparation de l'éther anhydre, etc. *fig.* 57).

Il est utilisé dans un grand nombre de préparations

de produits organiques et dans la fabrication du bioxyde de sodium (§ 61).

Le sodium décompose au rouge l'iodure de calcium et le chlorure de magnésium ; cette réaction permet d'obtenir le calcium et le magnésium purs.

275. Résumé. — Le tableau suivant résume les principales transformations subies par le chlorure de sodium dans l'industrie.

$NaCl + SO^4H^2$
(Procédé Leblanc)
⎰ Acide chlorhydrique HCl qui par oxydation donne le chlore + sulfate de sodium SO^4Na^2 que l'on convertit en carbonate de sodium CO^3Na^2 puis en soude NaOH. De cette dernière, on retire le sodium.

$NaCl + CO^2 + AzH^3 + H^2O$
(Procédé Solvay)
⎰ Bicarb. de sodium CO^3HNa qui par calcination donne le carbonate CO^3Na^2, avec lequel on fabrique la soude.

NaCl fondu produit par électrolyse du chlore et du sodium.

NaCl dissous, électrolysé dans des appareils à diaphragme fournit du chlore et de la soude.

NaCl dissous, électrolysé dans des appareils sans diaphragme donne, **suivant les conditions de l'opération**, l'hypochlorite de sodium ou le chlorate de sodium.

Chlorure de potassium KCl

Poids moléculaire $= 74,5$ $\begin{bmatrix} K = 39 \\ Cl = 35,5 \end{bmatrix}$

276. Le chlorure de potassium se trouve en dissolution dans les eaux de la mer ($0^{gr},5$ par litre). Il forme dans la région de Stassfurt (province de Saxe) des dépôts d'une grande puissance ; il y est mélangé ou uni à du sulfate de potassium, du chlorure de magnésium, etc.

C'est un corps solide fusible vers 730°, plus soluble dans l'eau bouillante que le chlorure de sodium.

Il se prête aux mêmes transformations que le chlorure de sodium (§ 256 et 275).

Traité par le procédé Leblanc, le chlorure de potassium fournit le sulfate et le carbonate de potassium. Soumis à l'électrolyse, il donne, suivant les conditions de l'opération, du chlore et de la potasse, de l'hypochlorite ou bien du chlorate de potassium. Il sert à transformer l'azotate de sodium du Chili en azotate de potassium (§ 179).

L'agriculture l'utilise comme engrais.

Carbonate de potassium CO^3K^2

$$\text{Poids moléculaire} = 138 \begin{bmatrix} C = 12 \\ O^3 = 48 \\ K^2 = 78 \end{bmatrix}$$

277. Actuellement la plus grande partie du carbonate de potassium est préparée avec le chlorure de potassium, auquel on applique le procédé Leblanc.

On traite d'abord par l'acide sulfurique,

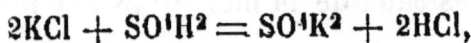

$$2KCl + SO^4H^2 = SO^4K^2 + 2HCl,$$

puis le sulfate de potassium réagit au rouge sur un mélange de carbonate de calcium et de charbon.

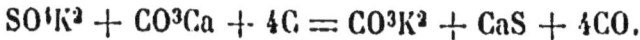

$$SO^4K^2 + CO^3Ca + 4C = CO^3K^2 + CaS + 4CO.$$

Le procédé Solvay n'est pas applicable.

278. Les végétaux terrestres contiennent de nombreux sels de potassium, à la fois des combinaisons de ce métal avec des acides minéraux (acides chlorhydrique, sulfurique et phosphorique), et avec des acides organiques (oxalique, tartrique, etc.).

Les plantes desséchées par une longue exposition à l'air sont brûlées : les sels organiques sont transformés en carbonate de potassium. Les cendres obtenues, traitées par l'eau, fournissent une solution contenant les divers sels de potassium. L'évaporation donne un résidu, appelé salin, duquel on retire le carbonate : il suffit de lui ajouter son poids d'eau froide, le carbonate beaucoup plus soluble que les autres sels se dissout à peu près seul.

279. Le carbonate de potassium est un solide blanc, très soluble dans l'eau.

Exposé à l'air humide, il absorbe la vapeur d'eau de l'atmosphère et se dissout dans l'eau qu'il a prise, c'est donc un sel *déliquescent*.

Ce corps est utilisé dans la fabrication de la potasse, de l'hypochlorite de potassium (eau de Javel) et de certains verres, etc.

Potasse KOH

$$\text{Poids moléculaire} = 56 \begin{bmatrix} K = 39 \\ O = 16 \\ H = 1 \end{bmatrix}$$

280. La potasse se prépare comme la soude (§ 269) soit par la décomposition d'une solution étendue de carbonate de potassium par l'hydrate de chaux :

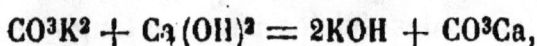

$$CO^3K^2 + Ca(OH)^2 = 2KOH + CO^3Ca,$$

soit par l'électrolyse d'une solution aqueuse de chlorure de potassium.

La potasse est un solide blanc, fusible au rouge sombre, soluble dans l'eau et l'alcool. Ses propriétés chimiques sont celles de la soude (§ 270). On l'utilise pour fabriquer les savons et pour ronger les chairs (pierre à cautère).

Chlorate de potassium ClO³K

$$\text{Poids moléculaire} = 122,5 \begin{bmatrix} Cl = 35,5 \\ O^3 = 48, \\ K = 39 \end{bmatrix}$$

281. Préparations. — Le chlorate de potassium s'obtient actuellement par l'électrolyse d'une dissolution de chlorure de potassium à la température de 45°.

Pendant longtemps l'industrie l'a préparé en traitant un lait de chaux à 60° par un courant de chlore :

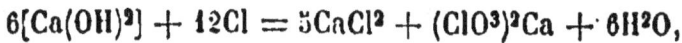

$$6[Ca(OH)^2] + 12Cl = 5CaCl^2 + (ClO^3)^2Ca + 6H^2O,$$

puis le mélange de chlorate et de chlorure de calcium qui s'est formé est additionné de chlorure de potassium :

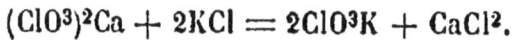

$$(ClO^3)^2Ca + 2KCl = 2ClO^3K + CaCl^2.$$

Le chlorate peu soluble à froid se dépose, tandis que le chlorure de calcium reste dissous.

On a vu (§ 34) que le chlorate de potassium prend naissance dans l'action du chlore sur une solution concentrée et chaude de potasse.

282. Propriétés. — Le chlorate de potassium est un solide qui cristallise en lamelles brillantes, peu solubles dans l'eau froide, mais beaucoup plus dans l'eau bouillante :

1.000^{gr} d'eau à 15° dissolvent 50^{gr} de chlorate
1.000^{gr} — à 104° — 600^{gr} —

Il fond à 350°, et se décompose un peu au-dessous de 400° en dégageant de l'oxygène (préparation de ce gaz dans les laboratoires, § 60) ; il se fait en même temps du chlorure KCl et du perchlorate ClO^{4}K.

Le chlorate de potassium est un *oxydant*, susceptible par exemple de dégager le chlore de l'acide chlorhydrique.

$$6HCl + ClO^3K = 6Cl + 3H^2O + KCl.$$

Ce mélange d'acide chlorhydrique et de chlorate est

parfois employé pour détruire les matières organiques.

283. Applications. — Le chlorate de potassium
est utilisé pour la fabrication de certaines poudres et
des allumettes. Il est encore employé contre les
maladies de la bouche.

CHAPITRE XII

Chaux. — Carbonate de calcium Sulfate de calcium. — Verres

Carbonate de calcium CO^3Ca

Poids moléculaire $= 100 \begin{bmatrix} C = 12 \\ O^3 = 48 \\ Ca = 40 \end{bmatrix}$

284. État naturel. — Le carbonate de calcium se présente sous deux formes cristallisées bien différentes : 1° le *spalh d'Islande*, qui constitue fréquemment des *rhomboèdres*, dont les six faces sont des losanges ; 2° l'*aragonite*, en longues aiguilles prismatiques.

Mélangé à divers autres minéraux, le carbonate de calcium forme les *calcaires*.

285. Propriétés. — Le carbonate de calcium est un corps solide, se décomposant par la chaleur en chaux vive et en acide carbonique

$$CO^3Ca = CaO + CO^2.$$

Quand on chauffe le carbonate dans un *vase clos* et vide de gaz, la décomposition commence à 440° et

14

*s'arrête à chaque température pour une pression déter-
minée du gaz carbonique mis en liberté.* Si l'on enlève
ce dernier, de nouvelles quantités de carbonate se
décomposent:

On peut donc produire la décomposition complète du
carbonate de calcium à n'importe quelle température
supérieure à 440°; il suffit d'éliminer continuellement
le gaz carbonique par un courant d'air ou de vapeur
d'eau (préparation de l'acide carbonique, § 232, II et de
la chaux, § 287).

Il est insoluble dans l'eau pure, mais il se dissout
dans l'eau chargée d'acide carbonique, aussi trouve-
t-on du carbonate de calcium dans la plupart des eaux
qui ont traversé des roches calcaires.

Sa décomposition par les acides constitue un mode
de préparation du gaz carbonique (§ 232, I).

286. Applications. — Les calcaires fournissent la
plupart des marbres et des pierres à bâtir. Une de leurs
variétés dont le grain est très fin, sert comme pierre
lithographique. Les craies qui sont des calcaires
friables, se laissant rayer avec l'ongle, sont employées
sous le nom de *blanc de Troyes*, *blanc de Meudon*,
blanc d'Espagne pour nettoyer les vitres, les glaces,
l'argenterie et pour fabriquer le mastic de vitrier.

Les calcaires servent encore à la préparation de
l'acide carbonique et de la chaux.

Chaux CaO

Poids moléculaire $= 56 \begin{bmatrix} Ca = 40 \\ O = 16 \end{bmatrix}$

287. Préparations. — La chaux est préparée en décomposant par la chaleur le carbonate de calcium (§ 285); on ne doit pas dépasser la température de 900°.

On obtient la chaux pure en décomposant par la chaleur l'azotate de calcium pur (§ 160).

$$(AzO^3)^2Ca = CaO + O + 2AzO^2.$$

288. Propriétés. — La chaux est une matière blanche, fusible au four électrique.

La *chaux vive* CaO se combine à l'eau et donne la *chaux éteinte* ou *hydrate de chaux* répondant à la formule CaO, H^2O ou Ca $(OH)^2$: la chaleur dégagée dans cette réaction est considérable et amène la vaporisation de l'eau.

La chaux éteinte, délayée dans l'eau, forme une bouillie ou *lait de chaux*, qui par filtration fournit une liqueur limpide que l'on appelle *eau de chaux*.

La solubilité de la chaux dans l'eau diminue quand la température s'élève.

1 litre d'eau dissout à 10°...... 1^{gr},34 de chaux
1   —   —   100°...... 0^{gr},60   —

La chaux est plus soluble dans les solutions de sel ordinaire et de sucre que dans l'eau pure.

La *chaux est une base* qui forme avec les acides des sels. En particulier, elle absorbe l'acide carbonique de l'air et se transforme en carbonate de calcium :

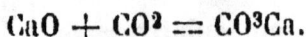

$$CaO + CO^2 = CO^3Ca.$$

Il est donc nécessaire de conserver cette substance dans des récipients bien bouchés.

Un courant de gaz carbonique trouble l'eau de chaux par suite de la formation de carbonate ; mais si le courant gazeux est suffisamment prolongé, le liquide redevient limpide, car le carbonate de calcium se dissout dans l'eau chargée d'acide carbonique (§ 285).

289. Applications. — La chaux est utilisée pour la fabrication des mortiers, de la soude (§ 269, I), de la potasse (§ 280), de l'ammoniaque (§ 143, II), des chlorures décolorants.

Réduite par le charbon au four électrique, elle donne le carbure de calcium (§ 208, II) qui au contact de l'eau dégage le gaz acétylène.

La chaux est employée pour améliorer la terre pauvre en calcaire (opération du *chaulage*).

290. Chaux industrielles. — On peut distinguer plusieurs variétés de chaux.

1° Les *chaux grasses* qui au contact de l'eau dégagent beaucoup de chaleur et *foisonnent*, c'est-à-dire prennent un volume deux à trois fois plus grand. Elles sont ordinairement blanches et contiennent en moyenne 90 0/0 de chaux vive CaO ; elles proviennent de la cuisson de calcaires formés presque exclusivement de carbonate de calcium.

2° Les *chaux maigres* qui s'échauffent peu et n'augmentent presque pas de volume quand on les mélange avec de l'eau. Elles sont grises et renferment 20 0 0 au moins de magnésie MgO et d'oxyde de fer. On les obtient en calcinant des calcaires magnésiens et ferrugineux.

Ces deux espèces de chaux sont appelées des *chaux aériennes* parce que les pâtes qu'elles forment avec l'eau durcissent à l'air à mesure que le liquide s'évapore. Elles ne se solidifient pas sous l'eau, mais s'y dissolvent un peu.

3° Les chaux *hydrauliques* qui, au contact de l'eau s'échauffent peu, foisonnent à peine et donnent une pâte qui *durcit sous l'eau* en quelques jours.

Elles se préparent en chauffant au rouge vif des roches appelées calcaires marneux et qui sont des mélanges de carbonate de calcium et de divers silicates d'aluminium et de magnésium. Elles contiennent de la chaux dont une partie seule est libre, l'autre partie étant combinée à la silice et à l'alumine.

4° Les *ciments* qui, mélangés à l'eau forment une pâte se solidifiant au contact de l'air ou sous l'eau soit en quelques minutes soit en quelques heures suivant leur nature. Ils sont obtenus par la cuisson entre 1.000° et 1.400° de calcaires marneux analogues à ceux qui donnent les chaux hydrauliques, mais moins riches en carbonate de calcium. Ce dernier se détruit sous l'influence de la chaleur :

$$CO^3Ca = CaO + CO^2,$$

et toute la chaux formée se combine à la silice et à l'alumine: il en résulte des *silicates* et *des aluminates de chaux*.

On fabrique des chaux hydrauliques et des ciments

14*

en calcinant des mélanges en proportions convenables de calcaires (craies, par exemple) et d'argiles (§ 248).

291. Mortiers. — On appelle *mortiers* des corps formant avec l'eau des pâtes susceptibles de durcir et destinées à joindre les pierres d'une construction.

Les *mortiers aériens* s'obtiennent en mélangeant une partie de chaux aérienne avec de l'eau et deux ou trois parties de sable. Leur solidification est due à l'évaporation de l'eau et à la formation de carbonate de calcium par la combinaison de la chaux avec l'acide carbonique de l'air :

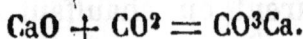

$$CaO + CO^2 = CO^3Ca.$$

Le durcissement des chaux aériennes est accompagné d'un retrait qui produit des fentes et amène la fragmentation de la masse. L'addition du sable à la chaux a pour résultat non seulement de s'opposer à ce fendillement, mais encore de rendre la matière poreuse et de permettre l'accès de l'acide carbonique de l'air.

Les *mortiers hydrauliques* se préparent en mélangeant une chaux hydraulique ou un ciment avec du sable. Leur durcissement est dû à la formation d'un silicate de chaux hydraté et d'un aluminate de chaux hydraté.

On appelle *béton* un mélange de mortier hydraulique et de petits cailloux qui est employé pour les constructions dans l'eau.

Sulfate de calcium SO⁴Ca

Poids moléculaire = 136

292. Le sulfate de calcium se trouve dans la nature. A l'état anhydre SO^4Ca, il constitue l'*anhydrite;* en combinaison avec deux molécules d'eau, il forme le *gypse* ou *pierre à plâtre* $SO^4Ca + 2 H^2O$.

Le gypse ou *sulfate de calcium bihydraté* a peu de dureté, puisqu'il est rayé par l'ongle. Sa solubilité dans l'eau pure est très faible : elle est maxima vers 38°, température à laquelle 1.000 grammes d'eau dissolvent un peu plus de 2 grammes de ce corps. La solubilité est augmentée quand l'eau contient différents sels de potassium ou de sodium.

Les eaux sont dites *séléniteuses* quand elle renferment du sulfate de calcium.

Le gypse chauffé à 128° perd la plus grande partie de son eau et se transforme en *plâtre* ou *sulfate semihydraté* $SO^4Ca + 0, 5 H^2O$ que l'on réduit ensuite en poudre et que l'on conserve à l'abri de l'humidité.

Le gypse, chauffé à 143° pendant quatre heures, se déshydrate complètement et fournit le *sulfate anhydre* SO^4Ca. Mais celui-ci, abandonné à l'air humide, reprend en quelques heures 7 0/0 d'eau.

Dans les chaudières alimentées par des eaux séléniteuses ou par l'eau de mer, le gypse se déshydrate au milieu même de l'eau dès que la température atteint 128° et forme des incrustations qui possèdent la formule du plâtre.

Le plâtre jouit de la propriété de se combiner avec l'eau et de se transformer en une masse de cristaux répondant à la formule $SO^4Ca + 2H^2O$: en même temps, la matière s'échauffe et augmente de volume.

En résumé, la *cuisson du plâtre* consiste dans la déshydratation du gypse,

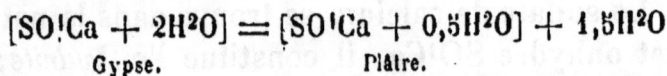

$$[SO^4Ca + 2H^2O] = [SO^4Ca + 0,5H^2O] + 1,5H^2O$$
Gypse.   Plâtre.

et la prise du plâtre consiste dans son hydratation :

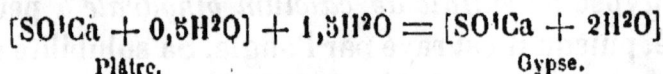

$$[SO^4Ca + 0,5H^2O] + 1,5H^2O = [SO^4Ca + 2H^2O]$$
Plâtre.   Gypse.

Le plâtre qui a été chauffé au-dessus de 160° est *trop cuit :* la pâte qu'il forme avec l'eau ne durcit plus rapidement.

293. Applications. — Le plâtre est employé dans la construction : la pâte obtenue en le gâchant avec de l'eau est appliquée à la surface des murs.

On appelle *stuc* un mélange de plâtre et de colle forte, *plâtre aluné* un mélange de plâtre et d'une solution à 12 0/0 d'alun (sulfate d'aluminium et de potassium). L'un ou l'autre de ces produits est susceptible d'un beau poli et sert à imiter le marbre.

L'augmentation de volume que le plâtre subit en s'hydratant est la raison pour laquelle ce corps peut reproduire tous les détails d'un moule. Le plâtre améliore la culture des légumineuses tels que le trèfle et la luzerne.

Verres

294. Les verres sont des matières amorphes, transparentes ou translucides, dures et cassantes aux températures ordinaires, se ramollissant au-dessus de 400° et ne devenant liquides qu'à des températures plus élevées.

Ainsi, sous l'influence de la chaleur, les verres ne prennent pas brusquement l'état liquide, mais ils passent par une suite d'états où ils sont plus ou moins consistants. Cet *état pâteux* se reproduit pareillement quand les verres liquides se refroidissent. C'est cette plasticité qui permet de les travailler.

Le verre est mauvais conducteur de la chaleur, aussi se brise-t-il quand on le refroidit brusquement.

Les verres sont des *mélanges de silicates*, qui, une fois fondus, se sont dissous mutuellement. Par refroidissement rapide, ces divers corps se solidifient et forment une masse homogène et transparente. Mais si la *fusion pâteuse* est maintenue longtemps et si le refroidissement est lent, des cristaux se produisent, le verre est opaque, il a pris l'aspect de la porcelaine ; on dit qu'il est *dévitrifié*.

295. Dans ce mélange de silicates qui constituent le verre, il y a toujours *un silicate alcalin* (de potassium ou de sodium) et le silicate d'un autre métal (calcium, baryum, plomb, magnésium, fer, aluminium).

On distingue :

1° Le *verre de Bohême* et le *crown-glass* qui sont des combinaisons de la silice avec la potasse et la chaux ;

2° Le *verre blanc* (vitre, glaces), combinaison de la silice avec la soude, la chaux et quelquefois la baryte ;

3° Le *verre commun* (pour bouteilles), renfermant de la silice unie à la soude, à la chaux, à l'oxyde de fer, parfois à l'alumine ;

4° Le *cristal*, le *flint-glass* et le *strass*, combinaisons de la silice avec l'oxyde de plomb et la potasse (ou la soude).

On peut diminuer la quantité d'oxyde de plomb et mettre à la place de la baryte.

296. Les matières premières, utilisées dans la fabrication des verres sont : le sable blanc, les sables communs plus ou moins ferrugineux (ces derniers réservés pour le verre à bouteilles), le carbonate de potassium, le carbonate de sodium ou le sulfate de sodium, le carbonate de calcium, le minium Pb^3O^4 (pour le cristal, le flint et le strass).

On emploie encore le bioxyde de manganèse pour décolorer le verre et faire disparaître la teinte verte due aux matières ferrugineuses.

Pour obtenir le cristal, on fait un mélange de sable (300 kilogrammes), de minium (200 kilogrammes) et de carbonate de potassium (100 kilogrammes) que l'on fond dans un creuset ou *pot* en argile (§ 248).

Pour fabriquer le verre à vitres, on mélange du sable, du sulfate de sodium et du carbonate de calcium, et on fond le tout dans un *bassin* en terre réfractaire capable de contenir parfois 200.000 kilogrammes de matières.

Les fours à pots et les fours à bassin sont chauffés par le gaz et portés à une température d'au moins 1.000°. Il faut même atteindre 1.400° pour produire la fusion parfaite du verre de Bohême et du crown. L'*affinage* terminé, on laisse refroidir lentement le verre à 800°, température à laquelle il commence à prendre l'état pâteux, ce qui permet de le façonner.

CHAPITRE XIII

Eaux potables

297. Les eaux de rivière, de source et de puits contiennent de nombreuses matières en dissolution : les gaz de l'atmosphère, des sels minéraux, des substances organiques.

Les eaux de pluie renferment seulement les gaz de l'air et des traces de sels (azotite, et azotate d'ammoniaque).

298. Gaz dissous dans l'eau. — Pour extraire les gaz dissous dans l'eau, on remplit *complètement* un

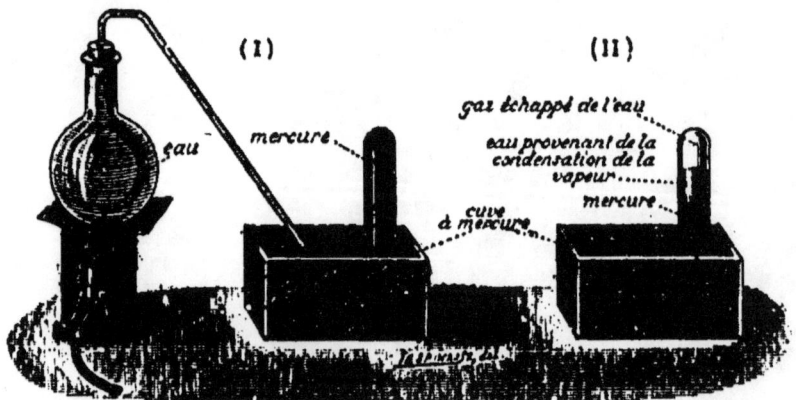

Fig. 58. — Extraction des gaz dissous dans l'eau.

ballon de ce liquide. On ferme avec un bouchon muni d'un tube dont l'ouverture n'en dépasse pas la surface inférieure. Ce tube également *plein d'eau* se rend sous une éprouvette remplie de mercure (*fig.* 58).

On chauffe progressivement : les gaz dissous dans l'eau s'en échappent et s'élèvent à la partie supérieure de l'éprouvette. L'opération achevée, on enlève l'eau qui provient de la condensation de la vapeur, on mesure le volume des gaz, et on procède à leur analyse.

1 litre d'eau *pure* aérée à 15° dégage 18 centimètres cubes de gaz contenant 12 centimètres cubes d'azote et 6 centimètres cubes d'oxygène, d'où l'on déduit que l'air dissous dans l'eau pure à 15° est formé de 67 0/0 d'azote et 33 0/0 d'oxygène.

Les eaux de rivière et de source donnent par litre 30 centimètres cubes et plus de gaz (azote, oxygène, argon, acide carbonique).

299. Substances solides dissoutes dans l'eau. — En évaporant à sec plusieurs litres d'eau, on obtient un résidu formé par les différentes matières solides qui y étaient dissoutes : son poids ne dépasse pas 0^{gr},5 par litre d'eau ordinaire. Les eaux dites *minérales* renferment une proportion plus forte de sels (2 à 30 grammes par litre); et même quelques-unes sont aussi chargées de sels que l'eau de l'Océan (35 grammes par litre).

Les substances minérales que l'on trouve en dissolution dans l'eau sont les chlorures de potassium, de sodium, de calcium et de magnésium, les sulfates de sodium et de calcium, le carbonate de calcium, la silice.

Les eaux contenant des *chlorures* donnent avec l'azotate d'argent un précipité blanc de chlorure d'argent (§ 16).

15

Les eaux renfermant des *sulfates* forment avec l'azotate de baryum un précipité blanc de sulfate de baryum (§ 121).

Les eaux *calcaires* sont celles qui tiennent en dissolution de l'acide carbonique et du *carbonate de calcium :* elles se troublent par l'ébullition qui détermine le départ du gaz et la précipitation du carbonate (§ 285). On les reconnaît encore au moyen d'une solution alcoolique de bois de campêche. Cette liqueur est jaune et conserve cette teinte quand on la verse dans l'eau pure ; elle se colore en bleu si l'eau ne contient que des traces de calcaire, et en rouge-violet si l'eau est riche en carbonate de calcium.

On peut encore employer une solution alcoolique de savon, dont on verse une petite quantité dans l'eau à essayer. L'eau distillée conserve à peu près sa transparence ; l'eau chargée d'un peu de carbonate devient laiteuse, et l'eau fortement calcaire donne naissance à des grumeaux blancs.

Les eaux *séléniteuses* sont celles qui renferment depuis 0gr,2 jusqu'à 2 grammes de sulfate de calcium par litre (§ 292).

Les eaux riches en sels de calcium sont impropres à la cuisson des légumes et au savonnage.

Elles ne peuvent être employées pour l'alimentation des chaudières à vapeur, en raison des sels qu'elles laissent déposer.

La présence des *matières organiques* se reconnaît au moyen d'une dissolution de chlorure d'or. A l'ébullition la teinte jaune de ce sel disparaît et fait place à la coloration brune de l'or très divisé qui se précipite.

300. Conditions que doit remplir une eau potable. — Une eau *potable*, c'est-à-dire une eau bonne à boire doit être aérée, sans odeur et fraîche (température inférieure à 13°).

Elle doit contenir des sels de potassium, de sodium et de calcium qui sont absolument nécessaires à l'organisme : toutefois, leur proportion ne doit pas dépasser $0^{gr},5$ par litre.

Elle doit renfermer le moins possible de matières organiques, et être exempte de germes de vers ainsi que de bactéries appartenant aux espèces dangereuses (bacilles du choléra, de la fièvre typhoïde).

Toute eau destinée à la consommation doit donc être soumise à un examen chimique qui fera connaître la nature et la quantité des gaz, des substances solides minérales et des matières organiques qui y sont dissoutes, et à un examen bactériologique qui déterminera le nombre et la nature spécifique des bactéries.

301. Purification des eaux potables. — La purification des eaux se fait par des *procédés physiques :* la *filtration* et l'*ébullition* et par des *procédés chimiques*.

Procédés physiques. — Les eaux destinées à toute une ville sont filtrées au travers de plusieurs couches de sables de différentes grosseurs, puis l'épuration est achevée à l'aide de filtres à charbon ou de filtres à porcelaine poreuse (filtre Chamberland).

L'ébullition de l'eau, *maintenue pendant dix minutes*, est le meilleur procédé de purification : il est ensuite nécessaire d'agiter l'eau à l'air pour y introduire l'oxygène que la chaleur avait fait partir.

Procédés chimiques. — Les procédés chimiques consistent à détruire les bactéries par un *oxydant énergique :* le permanganate de potassium ou l'ozone. Dans l'un des procédés employés actuellement, l'eau que l'on veut purifier arrive à la partie supérieure d'une tour remplie de graviers, ruisselle sur ces pierres et rencontre un courant ascendant d'air ozonisé. On obtient ainsi de l'eau dont la stérilisation n'est pas absolue, mais qui ne contient plus qu'une petite quantité de bactéries.

CHAPITRE XIV

Mélanges et combinaisons. — Lois des combinaisons

302. Mélange et combinaison. — 1. Considérons deux corps primitivement séparés et mettons-les en contact dans des conditions déterminées de température, de pression, etc.

Ou bien ces corps ne réagissent pas, ils sont simplement *mélangés;* ou bien ils exercent l'un sur l'autre une action telle qu'il se produit un corps avec des propriétés nouvelles : il y a eu *combinaison.*

Les éléments d'un mélange peuvent parfois se distinguer soit à l'œil nu, soit avec l'aide du microscope. Dans tous les cas, ils conservent leurs propriétés initiales et on peut les séparer les uns des autres par des *procédés mécaniques* (compression) ou par des *procédés physiques* (cristallisation, dissolution, distillation fractionnée sous la pression ordinaire ou sous pression réduite, etc.).

Les éléments d'une combinaison ne peuvent jamais se distinguer les uns des autres, et le composé formé possède des propriétés différentes de celles des composants.

Mélangeons intimement de la fleur de soufre et de la limaille de fer ; on obtient une poudre dont les éléments se reconnaissent au microscope. On peut enlever les particules de fer au moyen d'un aimant, et le soufre à l'aide du sulfure de carbone.

Chauffons le système soufrefer au rouge : il se transforme en une matière noire qui n'abandonne rien ni à l'aimant, ni au sulfure de carbone. Le *sulfure de fer* FeS qui a pris naissance, n'a plus les propriétés du soufre et du fer.

II. Le mélange de deux corps s'effectue sans variation d'énergie calorifique ; la combinaison est au contraire accompagnée d'un phénomène thermique. La réaction est dite *exothermique* quand elle dégage de la chaleur ; elle est dite *endothermique* quand elle en absorbe.

III. Deux corps peuvent être mélangés en toutes proportions, tandis qu'ils ne se combinent que suivant des proportions invariables.

Lois des combinaisons

303. Loi des poids. — *Le poids d'un composé est égal à la somme des poids des composants.*

Cette loi de la conservation de la matière a été établie par Lavoisier en 1787, et se traduit par une équation dont le premier membre contient les poids des corps réagissants et le second membre le poids du corps formé.

304. Loi des proportions définies. — *Deux corps s'unissent dans des proportions invariables pour former un composé déterminé.*

1 partie en poids (1 centigramme, 1 gramme, 1 kilogramme) d'hydrogène s'unit à 8 parties *semblables en
poids* (8 centigrammes, 8 grammes, 8 kilogrammes)
d'oxygène pour donner de l'eau, et l'on a toujours :

$$\frac{\text{Poids de l'hydrogène}}{\text{Poids de l'oxygène}} = \frac{1}{8}.$$

Tout échantillon de monosulfure de fer contient
32 grammes de soufre pour 56 grammes de fer : dès
lors, si l'on chauffe 32 grammes du premier corps avec
70 grammes du second, il se produit $32^{gr} + 56$ grammes
de monosulfure, et il reste $70^{gr} - 56$ grammes ou
14 grammes de fer libre.

305. Loi des proportions multiples. — *Quand
deux corps sont susceptibles de se combiner l'un à
l'autre pour former plusieurs composés, le poids de
l'un des composants étant fixe, les poids de l'autre sont
entre eux dans des rapports simples.*

Considérons les deux combinaisons du carbone avec
l'oxygène.

Dans l'oxyde de carbone, 12 grammes de carbone
sont combinés à 16 grammes d'oxygène.

Dans l'acide carbonique, 12 grammes de carbone
sont unis à 32 grammes d'oxygène.

$$\frac{\text{Poids de l'oxygène dans l'oxyde de carbone}}{\text{Poids de l'oxygène dans l'acide carbonique}} = \frac{16}{32} = \frac{1}{2}.$$

Soient encore quelques-unes des combinaisons de
l'azote avec l'oxygène. Dans le :

Protoxyde d'azote	28^{gr} d'azote sont combinés à	16^{gr} d'oxygène
Bioxyde —	28^{gr} —	—	32^{gr}	—
Peroxyde —	28^{gr} —	—	64^{gr}	—

$$\frac{\text{Poids de l'oxygène dans le bioxyde}}{\text{Poids de l'oxygène dans le protoxyde}} = \frac{32}{16} = 2$$

et

$$\frac{\text{Poids de l'oxygène dans le peroxyde}}{\text{Poids de l'oxygène dans le protoxyde}} = \frac{64}{16} = 4.$$

306. Loi des volumes. — Les poids de deux corps qui se combinent ne sont généralement pas dans un rapport simple.

Ainsi dans l'acide chlorhydrique, on a :

$$\frac{\text{Poids de l'hydrogène}}{\text{Poids du chlore}} = \frac{1}{35,5}.$$

Il n'en est plus de même si l'on compare les volumes des corps, *pris à l'état gazeux.*

Gay-Lussac a énoncé en 1808 les lois suivantes :

1° *Les volumes de deux gaz qui se combinent sont entre eux dans un rapport simple.*

Ce rapport est égal à l'un des nombres 1, 2, 3, 6.

2° *Le volume du composé, si c'est un gaz ou une vapeur, est dans un rapport simple avec les volumes des composants.*

Il est bien évident que tous *ces volumes sont mesurés à la même température et à la même pression.*

A ces deux lois s'ajoutent les remarques suivantes :

Quand les gaz se combinent à volumes égaux, le volume du composé est le plus souvent égal à la somme des volumes des composants.

Quand les gaz se combinent à volumes inégaux, le volume du composé est inférieur à leur somme : l'union s'est faite avec contraction de moitié ou d'un tiers.

Exemples :

1 volume d'hydrogène s'unit à 1 volume de chlore pour former 2 volumes d'acide chlorhydrique :

$$\frac{\text{vol. d'hydrogène}}{\text{vol. de chlore}} = 1,$$

$$\frac{\text{vol. d'acide chlorhyd.}}{\text{vol. d'hydrogène}} = \frac{2}{1}, \quad \frac{\text{vol. d'acide chlorhyd.}}{\text{vol. de chlore}} = \frac{2}{1};$$

2 volumes d'hydrogène se combinent à 1 volume d'oxygène et donnent 2 volumes de vapeur d'eau :

$$\frac{\text{vol. d'hydrogène}}{\text{vol. d'oxygène}} = \frac{2}{1}; \quad \frac{\text{vol. de vapeur d'eau}}{\text{vol. d'hydrogène}} = \frac{2}{2},$$

$$\frac{\text{vol. de vapeur d'eau}}{\text{vol. d'oxygène}} = \frac{2}{1}.$$

Le composé mesurant 2 volumes et les composants $(2 + 1 = 3)$, la contraction est de $\frac{1}{3}$.

3 volumes d'hydrogène se combinent avec 1 volume d'azote pour donner 2 volumes de gaz ammoniac : $3 + 1$ ou 4 volumes des composants font place à 2 volumes du composé, la contraction est de $\frac{1}{2}$.

Les formules employées dans le cours indiquent la composition en volume des gaz composés.

2 litres d'acide chlorhydrique HCl contiennent 1 litre d'hydrogène et 1 litre de chlore ;

2 litres de vapeur d'eau H^2O contiennent 2 litres d'hydrogène et 1 litre d'oxygène ;

2 litres d'hydrogène sulfuré H^2S contiennent 2 litres d'hydrogène et 1 litre de vapeur de soufre ;

2 litres d'anhydride sulfureux SO^2 contiennent 2 litres d'oxygène et 1 litre de vapeur de soufre ;

15*

2 litres de protoxyde d'azote Az²O contiennent 2 litres d'azote et 1 litre d'oxygène ;

2 litres de gaz ammoniac AzH³ contiennent 1 litre d'azote et 3 litres d'hydrogène.

307. Composition en volumes des gaz. — La composition en volumes des gaz se détermine à l'aide de trois méthodes :

1° Analyse au moyen de la cloche courbe ;

2° Méthode eudiométrique ;

3° Méthode synthétique.

ANALYSE AU MOYEN DE LA CLOCHE COURBE. — On mesure dans une éprouvette graduée un certain volume de gaz,

FIG. 59. — Analyse d'un gaz dans la cloche courbe.

puis on le transvase dans une cloche courbe reposant sur la cuve à mercure. On fait passer dans la partie recourbée de la cloche un fragment d'un corps solide qui doit provoquer la *décomposition complète* du gaz, puis on chauffe quelques instants. Quand la réaction est

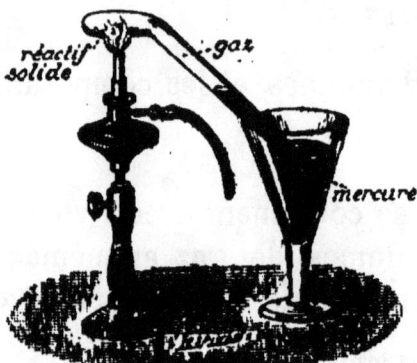

terminée, et que tout est refroidi, on transvase le gaz restant dans l'éprouvette graduée et on mesure son volume dans les mêmes conditions de température et de pression.

Exemple :

2 volumes de *gaz chlorhydrique* sont décomposés par le potassium à une température peu élevée :

$$HCl + K = KCl + H.$$

Le gaz restant est de l'hydrogène dont le volume est égal à la moitié de celui de l'acide chlorhydrique.

La loi des poids permet d'écrire :

Poids de 2 vol. HCl = poids de 1 vol. H + poids de x vol. de Cl,

et si les gaz sont pris à 0° et à 760 millimètres, on a :

$$2 \times 1,26 \times 1^{gr},293 = 0,069 \times 1,293 + x \times 2,49 \times 1,293$$
$$2,52 - 0,069 = x \times 2,49 ;$$

$$x = 1 \text{ approximativement.}$$

On détermine de même la composition du *protoxyde d'azote*, du *bioxyde d'azote*, que l'on décompose par le potassium ou le sodium ou le sulfure de baryum. Dans l'analyse de l'*hydrogène sulfuré*, le métal alcalin est remplacé par l'étain.

308. Méthode eudiométrique. — On introduit dans un eudiomètre (§ 17) un certain volume de gaz composé et un volume déterminé d'un autre gaz susceptible de réagir sous l'influence de l'étincelle électrique. Après le passage de cette dernière, on mesure le volume du gaz restant.

Exemple : On fait passer dans l'eudiomètre 2 volumes de *protoxyde d'azote* et 2 volumes d'hydrogène. L'étincelle électrique provoque la réaction exprimée par l'équation.

$$Az^2O + 2H = H^2O + 2Az.$$

L'eau se *condense*, et le gaz restant est de l'azote dont le volume est égal au volume du protoxyde.

Les 2 volumes d'hydrogène disparus pour former de l'eau se sont combinés à 1 volume d'oxygène, contenu dans le protoxyde d'azote.

On analyse de même le *bioxyde d'azote*.

309. Méthode synthétique. — On mesure très exactement les volumes des deux gaz composants, puis on détermine la combinaison par l'étincelle électrique ou par la lumière suivant les cas, et on évalue le volume du gaz composé.

Exemples : Synthèse de la *vapeur d'eau* (§ 74, *b*). SYNTHÈSE DU GAZ CHLORHYDRIQUE. — L'appareil employé se compose d'un ballon muni d'un robinet et dont le col est rodé dans le goulot d'un flacon de même capacité que le ballon. Le flacon est rempli de chlore, le ballon d'hydrogène (*fig.* 60).

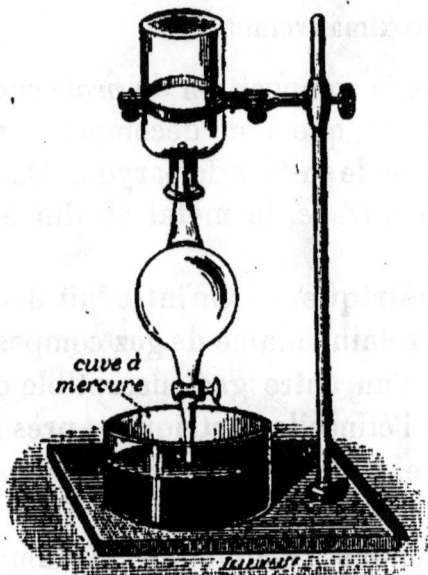

cuve d mercure

On adapte le flacon sur le ballon, de telle sorte que les gaz se mélangent rapidement, et on abandonne le tout à la *lumière diffuse* jusqu'à ce que la teinte jaune verdâtre du chlore ait disparu.

FIG. 60. — Synthèse du gaz chlorhydrique.

On achève la réaction par exposition à la lumière solaire directe. En ouvrant l'appareil sur le mercure, on constate que ce liquide ne monte pas, et qu'il ne sort pas de gaz, ce qui indique que la pression n'a pas changé. Il ne reste plus de chlore, car le mercure ne s'altère pas ; il n'y a plus trace d'hydrogène, car l'eau absorbe la totalité du gaz, qui est donc constitué exclusivement par de l'acide chlorhydrique.

Il en résulte que l'acide chlorhydrique est formé de chlore et d'hydrogène unis à volumes égaux.

310. Composition en poids d'un corps déduite de sa composition en volumes. — La composition en volumes et la composition en poids ne sont que deux manières différentes d'exprimer la composition d'un corps, et l'une des deux étant connue on peut facilement trouver l'autre.

Étant donnée la composition en volumes de la vapeur d'eau (2 litres H et 1 litre O), *trouver sa composition en poids?*

$$\frac{\text{Poids de 1 litre d'oxygène à 0° et 760}^{mm}}{\text{Poids de 2 litres d'hydrogène à 0° et 760}^{mm}}$$

$$= \frac{1,105 \times 1^{gr},293}{2 \times 0,069 \times 1^{gr},293} = \frac{1^{gr},105}{0^{gr},138} = \frac{8}{1}.$$

L'eau est donc composée en poids de 8 grammes d'oxygène et 1 gramme d'hydrogène.

Inversement, étant donnée la composition en poids de l'eau, trouver la composition en volumes de la vapeur d'eau?

1 gramme est le poids de v litres d'hydrogène, et comme :

1 litre de ce gaz à 0° et 760^{mm} pèse $0,069 \times 1^{gr},293$

v — — — — $0,069 \times 1^{gr},293 \times v.$

donc :

$$1^{gr} = 0,069 \times 1^{gr},293 \times v.$$

8 grammes sont le poids de v' litres d'oxygène, et comme 1 litre de ce gaz pèse $1,105 \times 1,293$, on aura :

$$8^{gr} = 1,105 \times 1^{gr},293 \times v',$$

$$\frac{1}{8} = \frac{0,069 \times 1^{gr},293 \times v}{1,105 \times 1^{gr},293 \times v'}.$$

et, en effectuant les calculs :

$$\frac{y}{y'} = 2.$$

Ainsi le volume v de l'hydrogène est le double de celui de l'oxygène.

311. Hypothèse d'Avogadro. — *Dans les mêmes conditions de température et de pression, les volumes égaux de gaz et de vapeurs contiennent le même nombre de molécules.*

Ainsi à 0° et sous la pression de 760 millimètres de mercure, 1 litre d'oxygène renferme autant de molécules que 1 litre de chlore ou 1 litre d'acide carbonique.

De cette hypothèse, on déduit une relation entre les poids moléculaire des gaz et leurs densités.

Désignons par s le nombre de molécules contenues dans 1 litre de gaz A à 0° et à 760 millimètres, par d sa densité par rapport à l'air, par m son poids moléculaire et par P le poids de 1 litre de gaz.

1 molécule de A ayant pour poids m,

les n — ont — $n \times m$,

et comme ces n molécules occupent le volume du litre, on peut écrire :

$$P = n \times m.$$

D'autre part, on obtient le poids P de 1 litre d'un gaz en multipliant sa densité d par le nombre 1gr,293 qui est le poids de 1 litre d'air à 0° et 760 millimètres.

$$P = d \times 1,293,$$

d'où :

$$n \times m = d \times 1,293. \qquad (1)$$

Désignons par d' la densité du gaz B, m' son poids moléculaire, p' le poids du litre de ce gaz à 0° et 760 millimètres.

D'après l'hypothèse d'Avogadro, il y a également n molécules de ce gaz dans le volume de 1 litre.

n molécules du gaz B pèsent $n \times m'$.

$$P' = n \times m'.$$

D'autre part :

$$P' = d' \times 1,293,$$

par suite,

$$n \times m' = d' \times 1,293. \qquad (2)$$

Divisons les équations (1) et (2) membre à membre :

$$\frac{n \times m}{n \times m'} = \frac{d \times 1,293}{d' \times 1,293},$$

$$\frac{m}{m'} = \frac{d}{d'}. \qquad (3)$$

Donc, dans l'hypothèse d'Avogadro, *les poids moléculaires des gaz et des vapeurs sont proportionnels à leurs densités.*

Supposons que le gaz B soit l'hydrogène : sa densité expérimentale d' est 0,0694 ; son poids moléculaire m' est fixé arbitrairement à 2.

La relation (3) devient :

$$\frac{m}{2} = \frac{d}{0,0694},$$

$$m = \frac{2}{0,0694} \times d = 28,8 \times d. \qquad (4)$$

Le poids moléculaire d'un gaz ou d'une vapeur est égal au produit de la densité de ce gaz ou de celle vapeur par 28,8.

CHAPITRE XV

Nomenclature

312. Métaux. — On appelle *métaux* des corps simples, bons conducteurs de la chaleur et de l'électricité, et doués d'un éclat particulier, désigné sous le nom *d'éclat métallique*. Les corps simples qui ne possèdent pas ces propriétés sont appelés *métalloïdes*.

Toutefois, l'iode, l'arsenic, l'antimoine, que l'on classe parmi les métalloïdes, sont pouvus de l'éclat métallique.

Par contre, cette dernière qualité disparaît quand les métaux sont réduits en poudre. Les limailles métalliques, comme la limaille d'argent ou la limaille de fer, légèrement tassées dans un tube de verre opposent une si grande résistance au courant électrique que celui-ci ne passe pas ; mais elles deviennent conductrices quand le tube est rencontré par des ondes électriques. Un choc rend au tube sa résistance primitive (tubes à limaille de Branly utilisés dans la télégraphie sans fil).

313. Acides. — *On appelle acide tout corps contenant de l'hydrogène susceptible d'être remplacé par un métal.* Le composé résultant de cette substitution est un *sel*.

Certains acides ne renferment pas d'oxygène : ce sont les *hydracides :* pour les désigner on ajoute la terminaison *hydrique* au nom du métalloïde qui est combiné à l'hydrogène. On forme les noms des sels correspondants en supprimant le mot acide et en remplaçant la terminaison hydrique par *ure*.

Exemples d'hydracides.	Sels correspondants.
Acide chlorhydrique HCl....	Chlorure
— fluorhydrique HF....	Fluorure
— sulfhydrique H²S....	Sulfure.

Les acides qui contiennent de l'oxygène sont appelés des *oxacides*. On les désigne en ajoutant la terminaison *eux* ou *ique* au nom du métalloïde qui est combiné à l'oxygène et à l'hydrogène.

Quand un métalloïde forme deux oxacides, celui qui est le moins oxygéné a son nom terminé en *eux ;* et celui qui est le plus oxygéné a son nom terminé en *ique*.

Étant donnés les noms des acides, on y change *eux* en *ite*, et *ique* en *ate*, pour former les noms des sels correspondants.

Exemples d'oxacides.	Sels correspondants.
Acide sulfureux SO³H²........	Sulfite
— sulfurique SO⁴H²........	Sulfate
— azoteux AzO²H	Azotite
— azotique AzO³H	Azotate

Un acide est dit *monobasique* quand il contient un atome d'hydrogène remplaçable par un atome de métal alcalin. Dans ce cas, l'acide ne peut former avec ce métal qu'un seul sel.

Acide chlorhydrique HCl.   Chlorure de sodium NaCl
Acide azotique AzO³H... Azotate de sodium AzO³Na

Un acide est appelé *bibasique* quand il renferme

2 atomes d'hydrogène remplaçables par 2 atomes de métal alcalin. Un tel acide peut former avec ce métal deux sels.

Acide sulfurique SO⁴H², { Bisulfate de sodium SO⁴HNa,
Sulfate neutre de sodium SO⁴Na².

Dans un acide *tribasique*, il y a 3 atomes d'hydrogène susceptibles d'être remplacés par un nombre égal d'atomes de sodium, d'où l'existence de trois sels différents pour le même métal.

Ac. phosphorique PO⁴H³ { Phosphate monosodique PO⁴H²Na,
— bisodique PO⁴HNa²,
— trisodique PO⁴Na³.

314. Bases. — *Une base est un corps qui en réagissant sur un acide donne un sel et de l'eau.* La potasse, la soude, la chaux, l'oxyde de cuivre sont des bases.

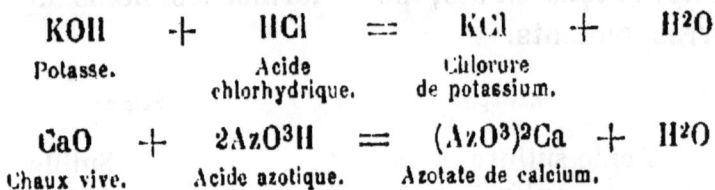

$$KOH \; + \; HCl \; = \; KCl \; + \; H^2O$$
Potasse.   Acide   Chlorure
chlorhydrique.   de potassium.

$$CaO \; + \; 2AzO^3H \; = \; (AzO^3)^2Ca \; + \; H^2O$$
Chaux vive.   Acide azotique.   Azotate de calcium.

315. Indicateurs colorés. — Certaines substances prennent des colorations différentes en présence des acides et des bases : aussi les emploie-t-on pour distinguer ces deux catégories de composés.

Le *tournesol* est une matière rouge préparée avec plusieurs espèces de lichens. Un acide n'en modifie pas la teinte, tandis que les bases solubles dans l'eau la font virer au bleu.

La *phtaléine du phénol* est une substance solide obtenue avec le phénol ordinaire. Sa solution dans l'alcool est incolore ; les bases lui communiquent une teinte rouge que les acides font disparaître.

L'*hélianthine* ou *méthylorange* est un dérivé de l'aniline dont la solution aqueuse est jaune : les bases n'en modifient pas la couleur qui passe au rouge sous l'influence d'un acide.

Le *sirop de violettes* de teinte violacée est rougi par les acides, verdi par les bases.

Réactif coloré.	Teinte donnée par un acide.	Teinte donnée par une base soluble dans l'eau.
Tournesol	rouge	bleue
Sirop de violettes	rouge	verte
Hélianthine	rouge	jaune
Phtaléine du phénol	incolore	rouge.

316. Sels. — On appelle *sels les corps qui résultent ou de la substitution d'un métal à l'hydrogène d'un acide, ou de l'action d'un acide sur une base.*

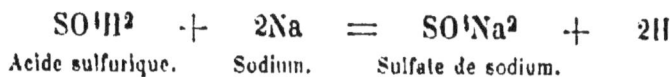

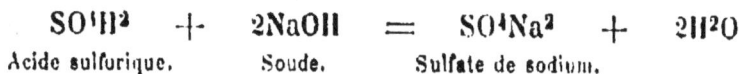

$$SO^4H^2 \;+\; 2Na \;=\; SO^4Na^2 \;+\; 2H$$

Acide sulfurique.   Sodium.   Sulfate de sodium.

$$SO^4H^2 \;+\; 2NaOH \;=\; SO^4Na^2 \;+\; 2H^2O$$

Acide sulfurique.   Soude.   Sulfate de sodium.

Beaucoup de sels n'ont pas d'action sur les réactifs colorés, mais certains d'entre eux comme le sulfate de zinc SO^4Zn, le phosphate monosodique PO^4H^2Na rougissent le tournesol.

D'autres sels comme le phosphate bisodique PO^4HNa^2, les carbonates de potassium et de sodium bleuissent le tournesol.

CHAPITRE XVI

Préparation des gaz

317. Appareils producteurs des gaz. — Les appareils servant à la production des gaz sont peu nombreux.

Si la réaction qui donne naissance à un gaz se fait à la température ordinaire, on emploie de préférence un *flacon* à large goulot. On le ferme avec un bouchon de liège ou de caoutchouc traversé par deux tubes : l'un est un tube recourbé par lequel se dégage le gaz, l'autre est un tube de sûreté qui plonge presque jusqu'au fond du vase.

Un appareil de ce genre sert aux préparations de l'hydrogène (§ 11, *fig*. 1), de l'hydrogène sulfuré (§ 94, *fig*. 29), du bioxyde d'azote (§ 157, *fig*, 46), de l'acide carbonique (§ 231, *fig*. 53).

S'il est nécessaire de chauffer pour déterminer la réaction, on fait ordinairement usage d'un *ballon* au bouchon duquel sont fixés un tube de dégagement et un tube en S : la partie recourbée de ce dernier contient suivant les cas une petite quantité de mercure ou d'acide sulfurique.

Un tel appareil est employé pour préparer le chlore (§ 32, *b*, *fig*. 12), l'acide chlorhydrique (§ 39, *fig*. 13), l'anhydride sulfureux (§ 103, *fig*. 31), l'oxyde de carbone (§ 224, *fig*. 52).

Assez souvent, on emploie une *cornue* quand la
réaction s'effectue à une température élevée et qu'elle
produit non seulement un gaz mais encore de l'eau :
celle-ci se condense dans le col de la cornue et ne peut
retomber sur les parties chauffées dont elles pourraient
provoquer la rupture : préparations de l'azote (§ 123,
II) du protoxyde d'azote (§ 153).

318. Appareils continus. — Dans ces appareils,

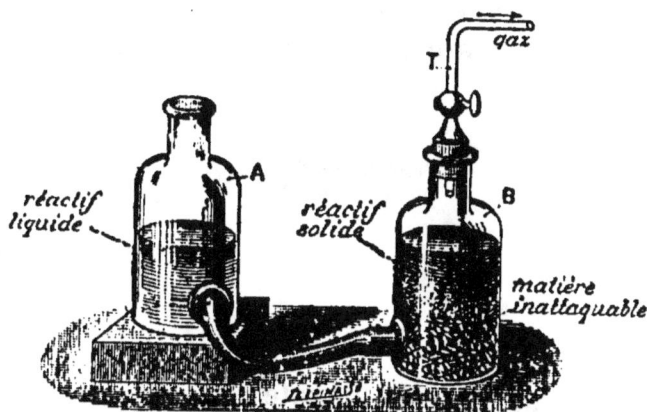

Fig. 61. — Appareil de Sainte-Claire Deville.

on peut à volonté déplacer le liquide et l'amener au
contact du solide sur lequel il réagit.

¹) APPAREIL DE SAINTE-CLAIRE DEVILLE. — Il se
compose de deux flacons de plusieurs litres de capacité
chacun; un gros tube en caoutchouc relie les tubulures
inférieures (*fig.* 61).

Le vase A est ouvert et contient le liquide qui est
susceptible de réagir à froid sur le solide. Celui-ci est
placé dans le flacon B, au-dessus d'une couche de
plusieurs centimètres d'épaisseur d'une matière inatta-
quable par le liquide : ce sont des fragments de verre,

de porcelaine, de brique, ou des morceaux de coke. Ce vase B est fermé par un bouchon que traverse un tube T muni d'un robinet.

En soulevant plus ou moins le flacon A et en ouvrant le robinet, le liquide s'élève dans B, arrive au contact du réactif solide et l'attaque : le gaz formé se dégage par le tube T. Si l'on ferme le robinet, le gaz qui continue de se produire refoule le liquide dans le vase A que l'on peut d'ailleurs baisser ; les deux réactifs ne sont plus en contact et la réaction cesse.   —

A l'aide de cet appareil, on peut préparer les gaz suivants :

Gaz préparé.	Réactif solide. contenu dans B.	Réactif liquide contenu dans A.
Hydrogène	Zinc.	Eau et acide chlorhydrique.
Hydrogène sulfuré.	Sulfure de fer.	Acide chlorhydrique.
Acide carbonique.	Carbonate de calcium.	Acide chlorhydrique.
Azote	Chlorure d'ammonium.	Brome et solution de soude dans l'eau. (hypobromite de sodium)

b) APPAREIL DE KIPP (*fig.* 62). — Cet appareil se compose d'un vase A formé d'une partie supérieure sphérique et d'un tube inférieur qui pénètre à frottement dans un vase B. Celui-ci est divisé par un étranglement en deux parties s et i : la première porte un tube à robinet R, la seconde est munie d'une tubulure qui permet de laver l'appareil.

Le compartiment s contient des fragments de verre ou de brique, au-dessus desquels on place le réactif solide. Si le robinet R est ouvert, le réactif liquide que l'on verse dans A pénètre dans le compartiment *i*, le remplit et s'élève en *s*. Le gaz provenant de la réaction se dégage par le tube R.

Quand on ferme le robinet, le gaz qui continue de se produire chasse le liquide de *s* et le fait remonter dans le vase A ; les deux réactifs n'étant plus en contact, la réaction cesse. Elle recommence dès qu'on ouvre le robinet R.

Cet appareil sert aux mêmes usages que celui de Sainte-Claire Deville.

319. Manière de recueillir les gaz. — Deux méthodes sont employées pour recueillir les gaz.

a) On les reçoit dans des éprouvettes ou dans des flacons retournés sur la cuve à eau et qui sont remplis de ce liquide. On recueille les gaz sur le mercure.. quand l'eau les dissout ou les attaque.

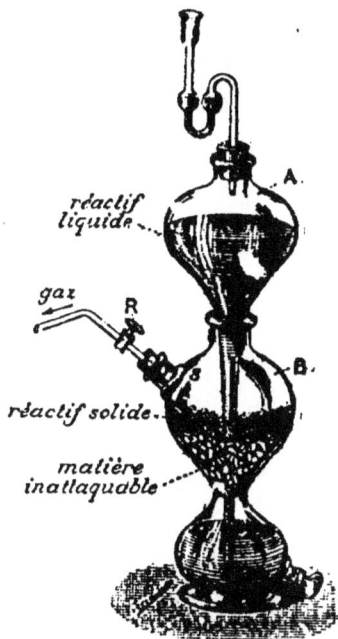

Fig. 62. — Appareil de Kipp.

Gaz recueillis sur l'eau.	Gaz recueillis sur le mercure.
Hydrogène.	Acide chlorhydrique..
Oxygène.	Hydrogène sulfuré.
Azote.	Anhydride sulfureux..
Protoxyde d'azote.	Gaz ammoniac.
Bioxyde d'azote.	
Oxyde de carbone.	
Acide carbonique.	

b) Les gaz sont recueillis dans des flacons bien secs ; ils en déplacent l'air s'ils se distinguent de celui-ci par une densité notablement plus grande ou plus faible.

Lorsque les gaz sont plus pesants que l'air (chlore, acides sulfureux et carbonique, etc.), le tube de dégagement plonge presque jusqu'au fond du flacon (*fig.* 63).

Quand les gaz sont plus légers (hydrogène, gaz

Fig. 63. — Manière de recueillir un gaz plus lourd que l'air.

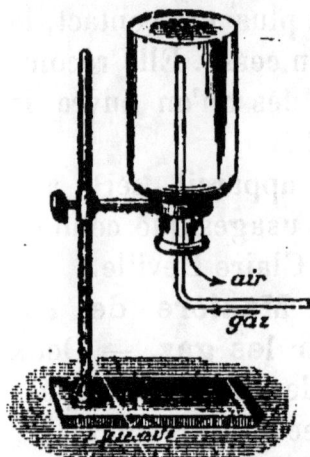

Fig. 64. — Manière de recueillir un gaz plus léger que l'air.

ammoniac) le flacon est renversé de manière que son ouverture soit tournée vers le bas (*fig.* 64).

Les gaz qui attaquent rapidement le mercure à la température ordinaire, comme le chlore, l'acide iodhydrique HI, l'ozone, sont constamment recueillis par déplacement d'air.

320. Lavage des gaz. — Souvent le gaz que l'on cherche à préparer est accompagné d'un second gaz plus soluble dans l'eau ou dans les solutions alcalines : on arrête ce dernier en plaçant à la suite de l'appareil

producteur un ou plusieurs flacons contenant l'un ou
l'autre de ces liquides.

Des laveurs à eau retiennent le gaz acide chlorhydrique dans les préparations du chlore (§ 32, *fig.* 12),
de l'hydrogène sulfuré (§ 94, *fig.* 29 et 30).

Des laveurs à potasse ou à soude absorbent le chlore
dans la préparation de l'oxygène (§ 60, *fig.* 15), le gaz
acide carbonique dans la préparation de l'oxyde de
carbone (§ 224, *fig.* 52).

321. Dessiccation des gaz. — On peut réduire à deux
les méthodes employées pour dessécher les gaz.

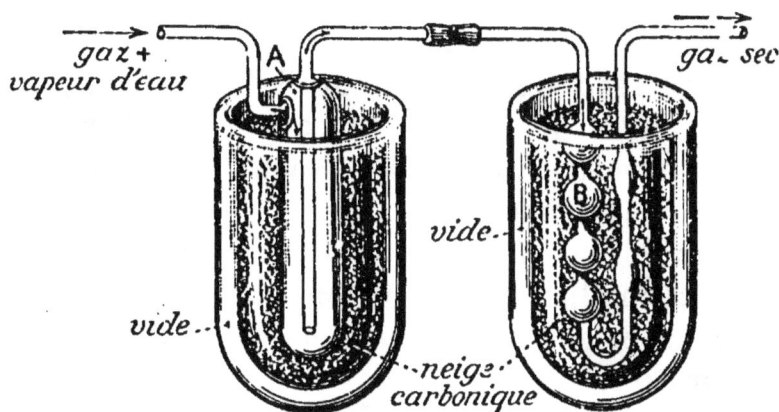

Fig. 65. — Appareil servant à la dessiccation des gaz.

a) Les gaz circulent dans des flacons, des éprouvettes
tubulées dites desséchantes, des tubes en U ou encore
dans des tubes droits qui contiennent des *substances
avides d'eau :* acide sulfurique concentré, pierre ponce
imprégnée d'acide sulfurique, chlorure de calcium,
anhydride phosphorique, acide métaphosphorique,
chaux vive, potasse solide, tournure de sodium.

b) Dans la méthode indiqué par M. Moissan, *les gaz
circulent lentement dans des tubes refroidis à* — **70°**,

16

température à laquelle toute la vapeur d'eau est con-
densée.

Les tubes employés n'ont qu'une faible capacité,
15 à 30 centimètres cubes; le premier A a la forme
d'un cylindre complètement fermé et à la partie supérieure duquel sont soudés deux tubes dont l'un s'ouvre
au fond du cylindre. Le second tube B se compose de
deux branches portant quatre boules sur l'une et deux
sur l'autre (*fig.* 65).

Chacun de ces tubes est refroidi par un mélange de
neige carbonique et d'acétone contenu dans une éprouvette qui est elle-même entourée d'un autre vase à
l'intérieur duquel on a fait le vide.

322. Densités des gaz. — On appelle densité d'un gaz
le rapport entre les poids de ce gaz et d'air qui
occupent un même volume à 0° sous la pression de
760 millimètres de mercure.

Le poids P d'un litre de gaz à 0° et sous la pression de 760 millimètres s'obtient en multipliant la
densité D de ce gaz par le poids du litre d'air à 0° et
760 millimètres.

$$P = D \times 1^{gr},293.$$

DENSITÉS DE QUELQUES GAZ A 0° ET SOUS LA PRESSION
DE 760^{mm}

Gaz plus légers que l'air.		
Hydrogène	....	0,069
Gaz ammoniac	....	0,59
Azote	....	0,967
Oxyde de carbone	....	0,97

	Bioxyde d'azote........	1,04
	Oxygène	1,105
	Hydrogène sulfuré......	1,19
Gaz	Acide chlorhydrique.....	1,26
plus lourds	Fluor.................	1,31
que l'air.	Argon.................	1,38
	Acide carbonique.......	1,53
	Protoxyde d'azote.......	1,53
	Anhydride sulfureux....	2,22
	Chlore	2,49

323. Coefficients de solubilité de quelques gaz dans l'eau. — A la température de 0° et sous la pression de 760 millimètres de mercure, 1 litre d'eau dissout les volumes suivants des différents gaz :

Litres.

Gaz ammoniac........	1.050	
Acide chlorhydrique....	500	Gaz liquéfiables
Anhydride sulfureux...	68	sous la pression
Hydrogène sulfuré.....	4,4	d'une
Anhydride carbonique..	1,8	atmosphère
Chlore...............	1,5	entre — 8°
Protoxyde d'azote......	1,3	et — 90°
Oxygène..............	0,04	Gaz liquéfiables
Oxyde de carbone......	0,03	sous la pression
Azote................	0,02	d'une atmosphère
Hydrogène...........	0,02	entre — 180° et — 252°

324. — Points d'ébullition de quelques gaz sous la pression de 760ᵐᵐ

Anhydride sulfureux.	— 8°	Oxygène..........	— 183°
Gaz ammoniac.......	— 34°	Argon	— 187°
Chlore.............	— 40°	Fluor.............	— 187°
Hydrogène sulfuré...	— 61°	Oxyde de carbone..	— 190°
Acide carbonique....	— 79°	Azote.............	— 194°
Acide chlorhydrique.	— 80°	Hydrogène........	— 252°
Protoxyde d'azote....	— 88°		

POIDS ATOMIQUES DE QUELQUES CORPS SIMPLES

Aluminium Al	27	Hydrogène H	1
Antimoine Sb	120	Iode I	127
Argent Ag	108	Lithium Li	7
Argon A	40	Magnésium Mg	24
Arsenic As	75	Manganèse Mn	55
Azote Az	14	Mercure Hg	200
Baryum Ba	137	Nickel Ni	59
Bore Bo	11	Or Au	197
Brome Br	80	Oxygène O	16
Calcium Ca	40	Phosphore P	31
Carbone C	12	Platine Pt	195
Chlore Cl	35,5	Plomb Pb	207
Chrome Cr	52	Potassium K	39
Cuivre Cu	63	Silicium Si	28
Etain Sn	119	Sodium Na	23
Fer Fe	56	Soufre S	32
Fluor F	19	Zinc Zn	65

TABLE ALPHABÉTIQUE

Tours. — Imp. DESLIS FRÈRES, 6, rue Gambetta.

www.ingramcontent.com/pod-product-compliance
Lightning Source LLC
Chambersburg PA
CBHW070241200326
41518CB00010B/1637